Gerhard Jurzitza

# Der Kosmos Libellenführer

## Die Arten Mittel- und Südeuropas

überarbeitet und aktualisiert



Kosmos

175 Farbfotos von H. Bellmann (S. 113), A. Bilek † (S. 183), K. A. Frickhinger (S. 10), H. Heidemann (S. 76, 77, 87, 102, 184), A. Limbrunner (S. 3/4), Å. Sandhall (S. 119, 165, 175, 177, 178, 179, 187, 188, 189), E. Schmidt (S. 103, 118) und vom Verfasser.
7 Schwarzweißfotos vom Verfasser; 9 Bestimmungstafeln von Kai Vollack und 3 Zeichnungen von Sigrid Haag. 40 Larvenzeichnungen von Dr. Paul A. Robert, entnommen aus „Les Libellules", Neuchâtel 1958, mit freundlicher Genehmigung des Verlages Delachaux & Niestlé.

Umschlaggestaltung von Friedhelm Steinen-Broo, eStudio Calamar, unter Verwendung von vier Aufnahmen von Frank Hecker (Feuerlibelle), W. Willner (Bronzene Prachtlibelle) und P. Zeininger (Vierfleck und Gelbe Teichrose).

Das Foto auf den Seiten 2 und 3 zeigt drei Weibchen und ein Männchen (rechts) der Gebänderten Prachtlibelle (*Calopteryx splendens*) in ihrem Lebensraum; das Foto auf den Seiten 3 und 4 zeigt die Nahaufnahme eines Männchens derselben Art.

Die Deutsche Bibliothek – CIP-Einheitsaufnahme

Ein Titelsatz für diese Publikation ist bei Der Deutschen Bibliothek erhältlich

2., überarbeitete und aktualisierte Auflage, 2000


ISBN 3-440-08402-7
Lektorat: Angelika Holdau, Rainer Gerstle
Herstellung: Siegfried Fischer, Lilo Pabel
Printed in Italy/Imprimé en Italie
Satz: Typomedia Satztechnik GmbH, Ostfildern
Reproduktion: G. Schmid, Stuttgart
Herstellung: Printer Trento S.rl., Trento

# Der Kosmos-Libellenführer

# Vorwort

Zwölf Jahre nach dem Erscheinen des KOSMOS-Naturführers „Welche Libelle ist das?“ (1988) liegt nunmehr ein Neudruck vor. Die Fortschritte der Forschung in dieser Zeit machten Änderungen und Ergänzungen erforderlich, auch mussten einige Abbildungen ausgetauscht werden.

Der Aufbau bleibt unverändert: Ein allgemeiner Teil unterrichtet über Körperbau, Entwicklung und Verhalten der Libellen. Im speziellen Teil werden alle deutschen Arten vorgestellt und die meisten im Lichtbild gezeigt; sie wurden nach ihren Lebensräumen zusammengefasst. Um ein Bestimmen der Tiere im Gelände und insbesondere nach Fotografien zu ermöglichen, wurden ähnliche Arten gegenübergestellt und die Unterschiede möglichst genau beschrieben. Bei der Auswahl der Aufnahmen wurde darauf geachtet, dass die Artmerkmale gut zu erkennen sind. Dass unter diesen Umständen die ansonsten übliche systematische Reihenfolge nicht eingehalten werden konnte, liegt auf der Hand. Da man an Libellengewässern vor allem den Männchen begegnet, wurden diese bevorzugt abgebildet. Darstellungen der Weibchen wurden nur bei ausgewählten Arten jener Familien aufgenommen, die ausgeprägte Geschlechtsunterschiede aufweisen; in anderen Fällen wurden Tandems oder Paarungsräder abgebildet. Da die Libellen im Laufe ihres Lebens einen beachtlichen Farbwechsel aufweisen, werden gelegentlich auch unausgefärbte Tiere gezeigt.

Aus vielen Briefen ging hervor, dass auch an den Libellenarten des Mittelmeergebietes ein großes Interesse besteht; so wurden einige der dort fliegenden Arten abgebildet und beschrieben. Viele weitere werden kurz charakterisiert, um ihre genaue Bestimmung anhand der im Literaturverzeichnis genannten Werke zu erleichtern.

Der grafische Bestimmungsschlüssel der erwachsenen Tiere ist eine verbesserte Form der Tabellen des ersten Führers (1978); hinzu kommen einige Abbildungen mit Darstellungen wichtiger Artmerkmale.

Um auch die Bestimmung der Larven und insbesondere der von schlüpfenden Libellen zurückgelassenen Häute (Exuvien) bis zur Gattung zu ermöglichen, wurde der Larvenschlüssel aus dem Buch „Die Libellen“ von W. DREYER und U. FRANKE (1987) in gekürzter Form übernommen.

Beim Schreiben des Textes wurde versucht, mit möglichst wenigen Fachausdrücken auszukommen; das Buch soll schließlich allen Lesern eine Hilfe sein und nicht nur jenen mit akademischer Ausbildung. Jeder aufmerksame Lehrer kann beobachten, dass unverständliche Fremdwörter abschreckend wirken, selbst wenn sie irgendwo erklärt werden. Zwar ist beispielsweise das Wort „Hinterleibsanhänge“ länger als „Appendices“, doch ist es allgemein verständlich.

Dem Kosmos-Verlag möchte ich für sein verständnisvolles Entgegenkommen bei der Gestaltung dieses Naturführers danken, Herrn R. GERSTLE und Frau A. HOLDAU für die gute Zusammenarbeit und für ihre wertvollen Tipps und Hinweise.

Karlsruhe Gerhard Jurzitza

# Allgemeines

Obwohl die Libellen zu den schönsten und größten heimischen Insekten zählen, weiß selbst der Naturfreund zumeist nur wenig über ihr Leben. Ihre leuchtenden Farben verschwinden nach dem Tode, so dass sie früher kaum gesammelt wurden. Vielleicht gehörten sie deshalb zu den Stiefkindern der Naturwissenschaft; der Sammeltrieb nämlich regt oft dazu an, sich mit der Natur zu beschäftigen. Erst in den letzten Jahrzehnten hat das Interesse an dieser Insektengruppe und damit unser Wissen über diese Tiere sehr stark zugenommen.

Unseren Vorfahren dagegen waren sie wohl bekannt; dafür sprechen die vielen volkstümlichen Namen, von denen es weit mehr gibt als für andere Insekten, die Schmetterlinge eingeschlossen. Freilich hat man die Arten nicht unterschieden, die meisten Bezeichnungen gelten für die ganze Gruppe. Manche deuten an, dass man die Tiere fürchtete. Noch heute hört man oft, sie könnten stechen; dieses Märchen wurde von Missionaren verbreitet, die die Germanen zum Christentum bekehrten. Die Libellen waren nämlich der Göttin Frigga oder Freya heilig und wurden deshalb verteufelt, genau wie auch der „Frei"tag zum Unglückstag wurde. So entstanden Namen wie „Teufelsnadeln", „Teufelsbolzen" oder „Augenstecher". Treffender schon ist das englische „dragonflies", Drachenfliegen; für andere Kerbtiere sind die Libellen wahre Drachen.

Die deutschen Namen, die im speziellen Teil dieses Büchleins gebraucht werden, wurden erstmalig von HEINRICH SCHIEMENZ (Die Libellen unserer Heimat, Jena 1953) veröffentlicht. WENDLER et al., 1995 (Ent. Z. 105. S. 95) schlagen für alle europäischen Libellenarten deutsche Namen vor, wobei sie die eingeführten Bezeichnungen weitgehend übernehmen: Sie haben bereits in die Rote Liste (S. 48) Eingang gefunden. Auch in diesem Buch kommen sie zur Anwendung, jedoch gegebenenfalls mit geringfügigen Änderungen. So machten wir z.B. die „Gelbe" (JURZITZA 1988) und die „Rote" (BELLMANN 1993) zur „Orangeroten Federlibelle" (S. 173); diese Farbbezeichnung entspricht eher der Wirklichkeit. Aus dem „Kleinen Schilfjäger" wurde der „Schilfjäger", da die Gattung nur eine Art umfasst.

Rätselhaft war lange Zeit der Ursprung des Wortes „Libelle", das oft fälschlich vom lateinischen „libellum" (Büchlein) abgeleitet wird mit der Begründung, die Tiere würden ihre Flügel öffnen und schließen wie die Seiten eines Buches. Besser wusste es TÜMPEL (Die Geradflügler Mitteleuropas, 1922), der schrieb, die Larven einiger Libellen würden dem Hammerhai (*Libella*) gleichen; mehr hierüber hat er uns leider nicht verraten.

Diese Ungewissheit verdanken wir dem schwedischen Naturforscher CARL VON LINNÉ, der den Name „Libellula" einführte, ohne seine Quelle preiszugeben. Diese wurde erst in den fünfziger Jahren wieder entdeckt; es ist das Werk „L'histoire entière des poissons" von GUILLAUME RONDELET alias GULIELMUS RONDELETIUS (lat. Erstausgabe 1552, franz. Übersetzung 1556). Da liest man etwa Folgendes: „Ein kleines Insekt könnte *Libellula fluviatilis* genannt werden, da sein Körperbau einem Meeresfisch ähnelt, der *Zygaena* oder *Libella* heißt (der Hammerhai!). Er hat die Form einer Wasserwaage, wie sie die Architekten verwenden, und wird in Italien auch Hammerfisch genannt. Jenes Tier ist sehr klein, hat die Form eines „T“ oder einer Wasserwaage, besitzt aber auf jeder Seite drei Beine. Der Schwanz endet in drei grünen Spitzen, mit deren Hilfe das Tier schwimmt.“ Die Zeichnung, die RONDELET seiner Beschreibung beifügte, zeigt, einfach zwar in der Darstellung, doch unverkennbar, eine Kleinlibellenlarve. Die Libellen sind somit keine „Büchlein“, sondern „die Hammerhaie des Süßwassers“. Kein schlechter Name: Ihre Larven sind genauso gefräßig wie jene Fische, nach denen sie benannt wurden!

## Das System der Libellen

Die Ordnung *Odonata* zerfällt in drei Unterordnungen, deren zwei in Europa vertreten sind. Die *Zygoptera* (Kleinlibellen) sind kleine bis mittelgroße Tiere mit quer gestelltem, hantelförmigem Kopf und schlankem Hinterleib. Die bei den meisten Familien (Ausnahme: *Calopterygidae*) kurz gestielten, fast gleich gestalteten Vorder- und Hinterflügel werden im Sitzen über dem Rücken zusammengeklappt; nur die Teichjungfern (mit Ausnahme der Gattung *Sympecma*) halten sie halb geöffnet. Die *Anisoptera* (Großlibellen) sind kleinere bis große Tiere mit an der Basis stark verbreiterten Hinterflügeln. Die Flügel werden im Sitzen weit ausgebreitet; viele Segellibellen (*Libellulidae*) drücken sie auch nach vorne unten. Die großen Augen berühren sich zumeist auf dem Scheitel des Kopfes, nur bei den Flussjungfern (*Gomphidae*) sind sie weit getrennt. Die Form des Hinterleibs ist sehr verschieden; bei den Edellibellen (*Aeshnidae*) etwa ist er lang und zylindrisch, bei den Segellibellen dagegen oft kurz und gedrungen. Die dritte Unterordnung, die *Anisozygoptera,* die im Erdmittelalter weit verbreitet war, ist nur noch durch die Gattung *Epiophlebia* mit zwei Arten vertreten, eine in Japan, die andere im Himalaya. Die mittelgroßen Tiere erinnern an Flussjungfern; ihre Flügel jedoch sind, ähnlich wie die der Kleinlibellen, gleich gestaltet und gestielt, in der Ruhe werden sie über dem Rücken zusammengeklappt.

Die wissenschaftlichen Namen sollen international einheitlich sein. Nomenklatur-Kommissionen stellen „Nomenklaturregeln“ auf, nach welchen die Benennung der Arten und ihre Zuordnung zu Gattungen, Familien, Unterordnungen und Ordnungen erfolgen soll. Leider passen die Organismen oft nicht in diese „Schubladen“. Zudem sind die Begriffe „Art, Gattung, Familie“ schwer zu definieren; die Zuordnung liegt im Ermessen des bearbeitenden Wissenschaftlers. So ist die Stabilität der Namen vielfach illusorisch. Deshalb wird dem bekannten Doppelnamen (erst der Gattungs-, dann der Artname; gelegentlich noch jener einer Unterart) der Name des verantwortlichen Forschers angehängt.

**Die Libellenfamilien und -gattungen Mittel- und Südeuropas**

| Familien | Gattungen | Anzahl Gattungen in Deutschland | weitere in Südeuropa |
|---|---|---|---|
| ZYGOPTERA, Kleinlibellen | | | |
| *Lestidae* Teichjungfern | *Chalcolestes* | 1 | 1 |
| | *Lestes* | 5 | – |
| | *Sympecma* | 2 | – |
| *Coenagrionidae* Schlanklibellen | *Cercion* | 1 | – |
| | *Ceriagrion* | 1 | – |
| | *Coenagrion* | 6 | 2 |
| | *Enallagma* | 1 | – |
| | *Erythromma* | 2 | – |
| | *Ischnura* | 2 | 2 |
| | *Nehalennia* | 1 | – |
| | *Pyrrhosoma* | 1 | – |
| *Platycnemididae* Federlibellen | *Platycnemis* | 1 | 3 |
| *Calopterygidae* Prachtlibellen | *Calopteryx* | 2 | 2 |
| *Euphaeidae* Orientjungfern | *Epallage* | – | 1 |
| ANISOPTERA, Großlibellen | | | |
| *Aeshnidae* Edellibellen | *Caliaeschna* | – | 1 |
| | *Aeshna* | 8 | 1 |
| | *Anax* | 2 | 2 (3) |
| | *Boyeria* | – | 2 |
| | *Brachytron* | 1 | – |
| | *Hemianax* | – | 1 |
| *Cordulegastridae* Quelljungfern | *Cordulegaster* | 2 | 5 |
| *Gomphidae* Flussjungfern | *Gomphus* | 4 | 2 |
| | *Lindenia* | – | 1 |
| | *Onychogomphus* | 2 | 1 |
| | *Ophiogomphus* | 1 | – |
| | *Paragomphus* | – | 1 |
| *Corduliidae* Falkenlibellen | *Cordulia* | 1 | – |
| | *Epitheca* | 1 | – |
| | *Oxygastra* | 1 | – |
| | *Somatochlora* | 4 | 1 |
| *Macromiidae* Flusskreuzer | *Macromia* | – | 1 |
| *Libellulidae* Segellibellen | *Brachythemis* | – | 1 |
| | *Crocothemis* | 1 | – |
| | *Diplacodes* | – | 1 |
| | *Leucorrhinia* | 5 | – |
| | *Libellula* | 3 | – |
| | *Orthetrum* | 4 | 4 |
| | *Pantala* | – | 1? |
| | *Selysiothemis* | – | 1 |
| | *Sympetrum* | 9 | 1 |
| | *Trithemis* | – | 1 |
| | *Zygonyx* | – | 1 |

In der Tabelle sind die Familien und Gattungen der Libellen nach ihrem Vorkommen in Deutschland sowie in Südeuropa aufgeschlüsselt. In den letzten Jahren scheint die Klimaerwärmung zu einer Erweiterung der Areale vieler Arten nach Norden hin zu führen; so hat der Violette Sonnendeuter, eine noch 1988 nur im äußersten Südeuropa verbreitete afrikanische Art, Südfrankreich erreicht. Die Zahlen können deshalb nur Richtwerte sein.

## Die Vorfahren der Libellen

Die Libellen sind ein uraltes Insektengeschlecht. Schon vor rund 250 Millionen Jahren flatterten die Palaeodictyopteren, zum Teil 60 cm spannende, libellenähnliche Riesentiere, durch die Sumpfwälder der Steinkohlenzeit. Damit reicht ihre Geschichte viel weiter zurück als jene der Säugetiere und Vögel.
In den nordamerikanischen Schichten des Perm, dem auf die Steinkohlenzeit (Karbon) folgenden Erdzeitalter, wurden uns die Reste von rund 20 Libellenarten überliefert, darunter solche von Tieren, die mit einer Flügelspannweite von 75 cm ihre Vorfahren aus dem Karbon noch übertrafen und somit die größten Insekten überhaupt waren. Aus Sibirien und Australien kennen wir einige *Protanisoptera,* die Vorläufer unserer Großlibellen, von den Falklandinseln mehrere urtümliche Kleinlibellen, die *Protozygoptera*. Die erhalten gebliebenen Reste von Libellen des Erdmittelalters, insbesondere des Jura, der Blütezeit der Saurier, stammen von Tieren, die nur noch 6 bis 20 cm spannten; ihre Größe entsprach damit in etwa der moderner Arten. Auch ihr Körperbau zeigte schon jene Form, die wir von den heute lebenden Libellen kennen. In den letzten 150 Millionen Jahren haben sich diese Tiere somit nur noch unwesentlich verändert; das zeigt, wie gut sich die Lebensstrategie der Libellen bewährt hat.

Bild 1. Die Anisozygoptere *Stenophlebia latreillii* flog vor rund 150 Millionen Jahren. In den Schichten des weißen Jura (Malm) von Eichstätt wurden uns ihre Reste überliefert.

## Der Körperbau

Libellen sind Lufträuber, die ihre Beute zumeist im Fluge erhaschen; auch ein Großteil ihres übrigen Lebens spielt sich in der Luft ab. So ist ihr Körper trotz vieler altertümlicher Merkmale eine der vollkommensten Flugmaschinen unter den Insekten.

Der Kopf wird von den großen Komplexaugen beherrscht, die aus 10000 bis 30000 wabenartig zusammengesetzten Einzelaugen bestehen. Sie liefern ein mosaikartiges Bild der Umwelt, wohl einem groß gerasterten Zeitungsbild vergleichbar; die oberen Augen dienen dem Fernsehen, die unteren dem Sehen im Nahbereich. Wenn man den Kopf einer lebenden Libelle betrachtet, dann erkennt man in den Augen einen dunklen Fleck, dessen Lage sich mit der Blickrichtung ändert. Das ist jener Bereich, mit dem das Tier den Beobachter wahrnimmt. Zwischen den Komplexaugen sitzen auf der Oberseite des Kopfes drei kleine Punktaugen; ihre Aufgabe ist die Wahrnehmung von Hell und Dunkel. Die Fühler, kurze, achtgliedrige Borsten, stehen neben den seitlichen Punktaugen, etwas nach vorne verschoben. Sie wirken als Geschwindigkeitsmesser; ihre Verformung durch den Fahrtwind wird von Sinneshaaren registriert und an das Gehirn weitergemeldet.

Die Vorderfläche des Kopfes wird von der Stirn und zwei weiteren Platten gebildet, dem Post- und dem darunter liegenden Anteclypeus. An der Unterseite sind die beißenden Mundwerkzeuge angeordnet; sie bestehen aus der von vorne sichtbaren Oberlippe (Labrum), einem Paar kräftiger Oberkiefer (Mandibeln), den kleineren, je einen Taster tragenden Unterkiefern (Maxillen) und der zweilappigen Unterlippe (Labium). Die Tiere können damit kräftig zubeißen; lebende, größere Libellen sollte man deswegen nicht am Kopf anfassen.

Die Brust ist, wie bei den Insekten üblich, aus drei Körperringen aufgebaut. Sie besteht aus zwei Teilen, der kleinen Vorder- und der mächtigen Flügelbrust. Die Erstere ist mit Kopf und Flügelbrust gelenkig verbunden, der Kopf ist dadurch sehr beweglich. Vermutlich dient er unter anderem der Trägheitsnavigation während des Fluges, da seine Stellung und seine Bewegungen durch Sinneshaare registriert und an das Gehirn gemeldet werden. Die beiden aus mehreren Platten zusammen gesetzten Ringe der Flügelbrust sind schräg nach obenhinten verlängert, an ihrer Oberseite sind die Flügel eingelenkt.

Die Unterseiten der Brustringe tragen je ein kräftig bedorntes Beinpaar. Ihr Bau entspricht dem bei Insekten üblichen; sie sind nur zum Anklammern und zum Ergreifen der Beute geeignet, nicht jedoch zum Laufen. Sie können im Flug so nach vorne angewinkelt werden, dass sie einen „Fangkorb“ bilden, mit dessen Hilfe die Beute ergriffen und an die Mundwerkzeuge herangebracht wird. Die Flügel werden von mehreren Längsadern durchzogen, die zusammen mit zahlreichen Queradern ein Netzwerk bilden. Am Vorderrand bilden jene einen Doppelwinkel, der der Längsstabilisierung dient. Etwa in der Mitte sind sie durch eine kräftige Querader verbunden, den Nodus oder Knoten; hier kann der Flügel bei starker

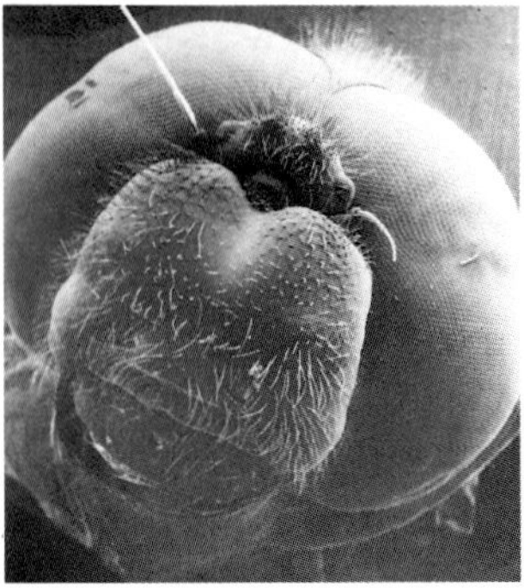

Bild 2. Kopf einer Segellibelle von vorne, ca. 9 ×. Die riesigen Komplexaugen nehmen einen Großteil des Kopfes ein, sie sind aus Tausenden von Einzelaugen zusammen gesetzt. Auf dem Scheitel, zwischen den hellen Fühlern, liegen die drei Punktaugen. Die Vorderfläche besteht aus drei Platten, der Stirn, dem Post- und dem Anteclypeus; unter diesem liegt die Oberlippe.

Bild 3. Die Mundwerkzeuge einer Kleinlibelle, ca. 19 ×. Hinter der Oberlippe liegen die Oberkiefer (Mandibeln), die an einen Haifischkopf erinnern, sodann die Unterkiefer (Maxillen) mit ihren Tastern. Den Abschluss bildet die Unterlippe.

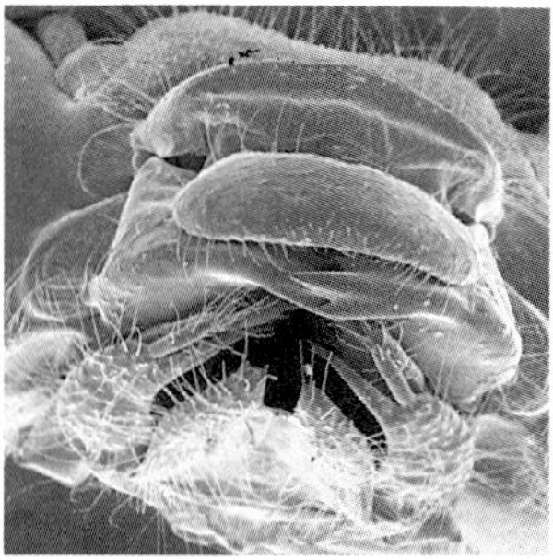

Längsbeanspruchung nachgeben, ohne abzuknicken. Am Vorderrand, nahe der Spitze, liegt eine größere Zelle, deren Membran zumeist gefärbt ist, das Flügelmal oder Pterostigma. Es soll verhindern, dass die Flügelspitze zerfetzt wird; da es im Gesichtsfeld der Augen liegt, mag es auch als Markierung des Flügelendes wirken und das Manövrieren zwischen Hindernissen erleichtern. Für manche Arten ist es ein wichtiges Merkmal bei der Erkennung der Geschlechter; es ist dann besonders auffallend gefärbt.

Das Flügelgeäder ist von Gattung zu Gattung verschieden und spielt in der Systematik der Libellen eine wesentliche Rolle; einige seiner Elemente dienen auch in unserer Bestimmungstabelle als Merkmale.

Der Hinterleib besteht aus zehn röhrenartigen Ringen, die durch weiche Membranen miteinander verbunden sind. Oft ist er annähernd zylindrisch; er kann aber auch verkürzt und abgeplattet sein. Er ist sehr beweglich; beim Flug wirkt er als Steuer, darüber hinaus wird seine Gelenkigkeit bei Paarung und Eiablage benötigt. Er enthält die zu seiner Bewegung erforderlichen Muskeln, den Darm und die Geschlechtsdrüsen.

Der letzte Hinterleibsring trägt bewegliche Fortsätze, die Hinterleibsanhänge (Appendices); die der Weibchen sind wohl funktionslos, den Männchen jedoch dienen sie dazu, jene während

Bild 4. Die Großaufnahme einer frisch geschlüpften Plattbauchlibelle (*Libellula depressa*, S. 130) zeigt den Kopf mit den riesigen Augen und den kleinen Fühlern sowie die komplizierte Einlenkung der Flügel.

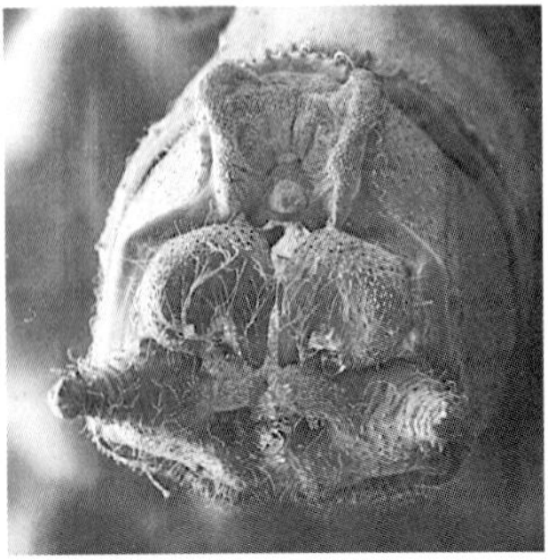

Bilder 5–7. Die Hinterleibsanhänge der Libellenmännchen sind von Art zu Art deutlich verschieden. Die Abbildung zeigt drei nahe verwandte Arten (von oben nach unten): Große Pechlibelle (*Ischnura elegans*, S. 98), Spanische Pechlibelle (*I. graellsii*, S. 176), Insel-Pechlibelle (*I. genei*, S. 177). Die nach unten gerichteten Fortsätze der oberen Anhänge verlaufen bei der ersten Art parallel, bei der zweiten divergieren sie nach außen, bei der dritten überkreuzen sich ihre Spitzen. (Vergrößerung ca. 35 ×)

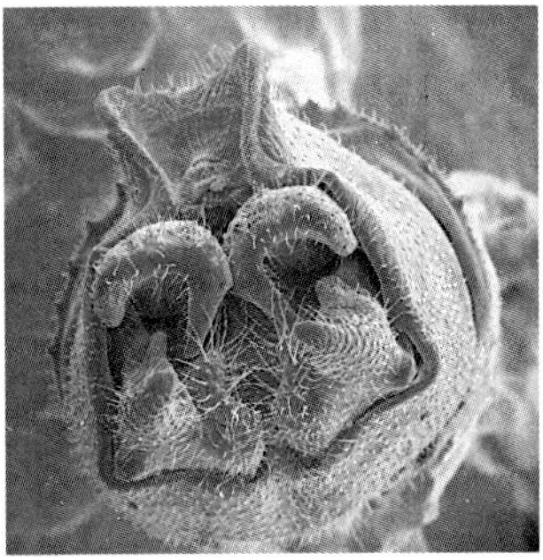

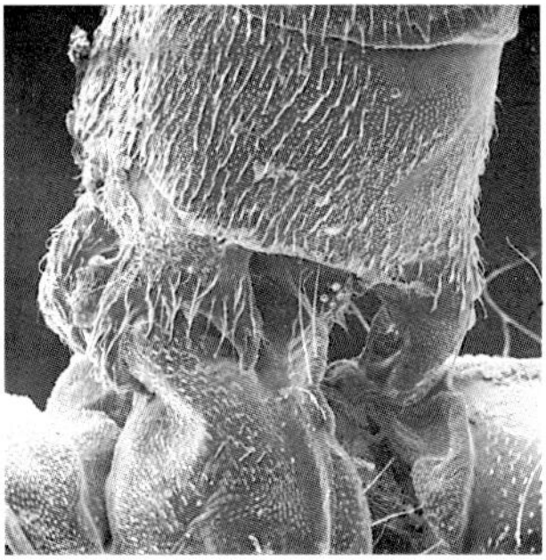

△

Bild 8. Der Zangengriff einer südamerikanischen Pechlibellen-Art (*Ischnura capreolus*, ca. 42 ×). Das Bild zeigt die von Sinnesborsten besetzte Vorderbrust des Weibchens sowie rechts ein Stück der Flügelbrust und darüber den 10. Hinterleibsring des Männchens. Die oberen Hinterleibsanhänge (nicht sichtbar) liegen dem Hinterrand der weiblichen Vorderbrust an. Die unteren sind gegabelt und umgreifen zwei Wülste an deren Vorderseite. Zwei Fortsätze des 10. Ringes des Männchens stützen sich gegen den Vorderrand der Flügelbrust.

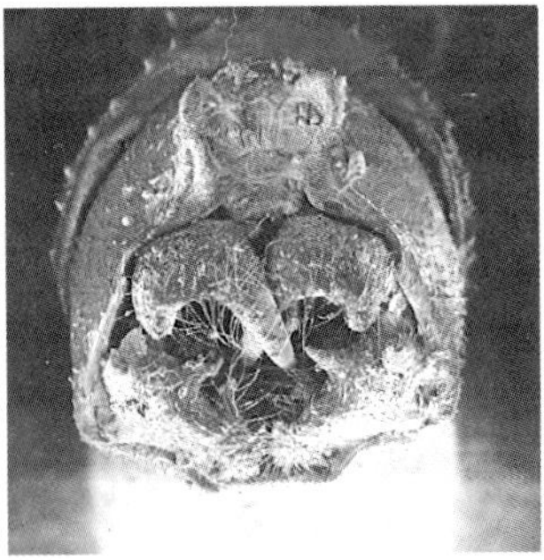

der Paarung und teilweise auch während der Eiablage festzuhalten. Die Kleinlibellen verankern sie an der Vorderbrust, die Großlibellen am Kopf der Weibchen. Die oberen sind unter der Rückenplatte des letzten Ringes eingelenkt; die Kleinlibellen besitzen ein weiteres, unteres Paar, das bei den Großlibellen zu einer Platte verschmolzen ist. Sie sind von Art zu Art verschieden gestaltet und passen zu Gegenstrukturen an Kopf oder Vorderbrust der Weibchen; deshalb sind auch sie wichtige Artenmerkmale. Die Weibchen erkennen mit Hilfe von Tasthaaren, ob sich ein Männchen der gleichen oder einer fremden Art an ihnen verankert hat; im zweiten Fall pflegen sie sich passiv zu verhalten und dadurch eine Paarung zu verhindern. Nur ausnahmsweise wird diese Sperre überwunden; deshalb sind Libellenbastarde sehr selten.

Ein Wehrstachel, wie ihn etwa die Bienen haben, fehlt den Libellen völlig; was sollten sie auch damit anfangen? Ihre Beute kann sich kaum zur Wehr setzen und braucht deswegen nicht gelähmt zu werden; der Mensch, der diese Tiere ohne Grund fürchtet, passt in kein Rivalen- oder Beuteschema. Er löst somit keine Aggression aus, sondern allenfalls eine Fluchtreaktion.

Auch das männliche Kopulationsorgan und der weibliche Legeapparat befinden sich am Hinterleib; sie werden im Zusammenhang mit der Paarung besprochen.

## Die Farben

Die Farben der Libellen faszinieren jeden Betrachter: Leuchtendes Rot, Grün, Gelb, Braun oder Blau bedeckt den Leib oder bildet Fleckenmuster auf dunklem Grund. Andere Arten tragen ein metallisches Grün oder eine Bronzefärbung. Farbige Flügel sind in unseren Breiten selten, sie finden sich jedoch häufiger bei tropischen Arten.

All diese Farben sind nicht für den Beschauer gedacht, sie erfüllen mannigfaltige Funktionen im Leben der Libellen. Zum einen dienen sie dem Finden und Erkennen der Partner, zum anderen können sie die Körperform der Tiere so auflösen, dass diese in ihrer natürlichen Umgebung nur schlecht zu sehen sind. Auch helfen sie ihnen bei der Aufrechterhaltung der Körpertemperatur und schirmen die schädliche ultraviolette Strahlung des Himmels ab.

Drei Farbtypen kann man unterscheiden: Solche, die durch Strukturen an der Oberfläche des Chitinpanzers hervorgerufen werden, andere, die durch Trübkörper in den Hautzellen entstehen, und schließlich echte Pigmentfarben.

Zu den Ersteren zählt das metallische Grün oder Bronze der Smaragdlibellen sowie das Blau der Wachsbereifung etwa des Plattbauch-Männchens (*Libellula depressa*), das sich ähnlich wie der Wachsbelag einer Pflaume oder Weinbeere abwischen lässt. Das leuchtende Blau vieler Schlank- und Edellibellen kommt dadurch zu Stande, dass in die Hautzellen dieser Tiere kleine Körperchen eingelagert sind, die das Licht streuen; man spricht von einem „Tyndall-Effekt“. Wird diese Farbe durch gelbe Pigmente unterlagert, entsteht ein Grün. In jüngster Zeit mehren sich die Beobachtungen, dass manche Arten mit Tyndall-Farben zu einem Farbwechsel befähigt sind, der wohl der Regulation der Körpertemperatur dient. Die Streukörper in den Hautzellen sind mit dunklen Farbkörnchen unterlegt. Bei Kälte wandern diese nach oben; das Tyndall-Blau wird zu einem dunklen Braun, das die Wärmestrahlen absorbiert und dadurch den Körper der Tiere aufheizt.

Gelbe, rote, braune oder schwarze Färbungen werden durch Farbstoffe in den Hautzellen hervorgerufen; diese gehören den Stoffklassen der Melanine, der Ommine und Ommonchrome sowie der Pterine an. Durch Fäulnis, wie sie alsbald nach dem Tod der Tiere durch die Zersetzung des Darmes eintritt, werden die Hautzellen zerstört; so verschwinden diese Farben, die Tiere werden nach einigen Tagen unansehnlich dunkel. Oberflächenfarben dagegen bleiben oft erhalten; sie können sich jedoch durch Einwandern von Fetten ebenfalls verändern.

## Der Flug

Die Flugkünste der Libellen sind beeindruckend. Sie können rüttelnd in der Luft stehen, ohne Flügelschlag dahinsegeln oder pfeilschnell davonschießen und dabei mit Leichtigkeit die scheinbar gewagtesten Manöver ausführen, ja, manche Arten können sogar rückwärts fliegen. Diese Gewandtheit wird dadurch er-

Bild 9. Rüttelflug eines Eier legenden Weibchens der Blutroten Heidelibelle (*Sympetrum sanguineum*, S. 144). Deutlich ist die Verwindung der Hinterflügel während des Aufwärtsschlages zu erkennen. Gleichzeitig werden die Vorderflügel abwärts bewegt und erzeugen den nötigen Auftrieb.

möglicht, dass sie beide Flügelpaare unabhängig voneinander bewegen und dabei jeden Flügel einzeln je nach Bedarf verstellen können. Die Senkermuskeln greifen an der Flügelbasis an, die Heber an den Rückenplatten der Brust. Hinzu kommen zahlreiche Stell- und Spannmuskeln, die zum Teil direkt, zum Teil indirekt über die Brustplatten arbeiten. Das Gehirn steuert sie durch Nervenimpulse; die Reizleitung braucht Zeit, deshalb ist der Flügelschlag der Libellen mit ca. 30 Schlägen pro Sekunde recht langsam. Diese Frequenz nehmen wir nicht als Ton wahr; so fliegen die Tiere für unser Ohr lautlos, wenn man von einem gelegentlichen Flügelknistern absieht. Über die Fluggeschwindigkeit der Libellen werden allerhand Märchen verbreitet; sie dürfte 50 km/h kaum wesentlich überschreiten.

## Die Jagd

Die Libellen leben von anderen Insekten, die sie im Flug erhaschen und zumeist auch verzehren; nur mit großen Beutetieren wie Schmetterlingen oder anderen Libellen setzen sie sich ab. Vor allem die Kleinlibellen fangen auch sitzende Kleintiere; oft kann man beobachten, wie sie in langsamem Flug die Vegetation absuchen und auf jedes Fleckchen zustoßen, wohl um festzustellen, ob es sich um etwas Genießbares handelt. Dabei hilft ihnen ihr hervorragendes Sehvermögen; es wird berichtet, dass manche Großlibellen ihresgleichen auf 30–40 m Entfernung wahrnehmen können.

Die wichtigsten Beutetiere sind kleine Insekten; unzählige Fliegen und Stechmücken werden vertilgt, so dass die Libellen sehr nützlich sind. Dass sich die großen Arten manchmal auch an Honigbienen vergreifen, mag zwar die Imker ärgern, spielt jedoch insgesamt kaum eine Rolle.

Gelegentlich werden größere Tiere gefangen und verspeist. Besonders die Weibchen werden nicht selten zu Kannibalen, denn ihr Nahrungsbedarf ist wegen der Massenproduktion von Eiern sehr groß. Einmal wurde beobachtet, wie eine Kleinlibelle in gut einer Stunde ein gleich großes Tier bis auf Beine und Flügel vollständig verzehrte.

Der Jagdflug erfolgt zumeist abseits vom Wasser über Wiesen, Waldlichtungen und an Waldrändern; freilich wird auch während des Aufenthaltes an den Orten von Paarung und Eiablage eifrig gejagt, denn der Energiebedarf der Tiere ist sehr groß.

Manche Arten jagen in der Dämmerung. In unseren kühlen Breiten ist diese Erscheinung nicht so häufig zu beobachten wie in warmen Ländern, doch ist insbesondere die Grüne Mosaikjungfer (*Aeshna viridis*, S. 118) als Dämmerungsflieger bekannt, im Mittelmeergebiet die Kleine Königslibelle (*Anax parthenope*, S. 122) und die Geisterlibelle (*Boyeria irene*, S. 185). Oft finden sich ganze Schwärme dieser Tiere zusammen und jagen Stechmücken sowie anderes fliegendes Getier.

◁ Bild 10. Ein Weibchen der Kleinen Königslibelle (*Anax parthenope*, S. 122) hat eine Art- und Geschlechtsgenossin angefallen und gräbt seine Kiefer in ihre Brust ein.

Bild 11. Ein junges Weibchen der Großen Pechlibelle (*Ischnura elegans*, S. 98) frisst eine Mücke.

## Das Putzen

Der Körper der Libellen kann durch mancherlei Umstände verschmutzen; Staub kann sich ablagern, sie können mit Spinnennetzen in Berührung kommen und sich aus diesen befreien, die Flügel können nass werden und insbesondere bei Kleinlibellen verkleben, vor allem können während der Eiablage am Legeapparat Pflanzenreste hängen bleiben. Deswegen müssen sie ihren Körper ab und zu reinigen. Da wird mit dem ersten Beinpaar über die Augen gewischt, Kleinlibellen heben den Hinterleib an und ziehen ihn zwischen den Flügeln durch, als wollten sie diese voneinander trennen, und der Legeapparat wird mit dem dritten Beinpaar sorgfältig gesäubert.
Das Augenwischen hat sicherlich jeder Libellenfotograf beobachtet, der mit einem Elektronenblitz arbeitet. Zwar lassen sich die Tiere durch das grelle Licht kaum stören, jedoch beginnen sie oft nach mehreren Aufnahmen ihre Augen mit den Beinen zu bearbeiten; vermutlich werden die Augennerven stark gereizt.

Bild 12 und 13. Ein Tandem der Winterlibelle (*Sympecma fusca*, S. 86). Das Weibchen putzt sich; erst zieht es den Hinterleib zwischen den Flügeln durch (oben), dann reinigt es den Legeapparat mit den Klauen der Hinterbeine (unten). ▷

Bild 14. Dieses Männchen der Frühen Adonislibelle (*Pyrrhosoma nymphula*, S. 94) wurde mit Vogelkot bekleckert. Durch Putzbewegungen des linken Vorderbeines hat es ein Auge gesäubert.

## Das Sonnen

Libellen sind Sonnentiere; wie alle Insekten können sie ihre Körpertemperatur hauptsächlich mit Hilfe von Muskelarbeit über jener der Umgebung halten. So kann man beobachten, dass unterkühlte Libellen, die gestört wurden, vor dem Abflug eine Zeit lang mit den Flügeln schwirren. Deshalb haben sie Verhaltensweisen entwickelt, die es ihnen ermöglichen, ihren Körper bei kühlem Wetter mit Hilfe des Sonnenlichtes hinreichend aufzuheizen. Schlankjungfern setzen sich morgens oder bei kühlem Wetter auf Blätter oder auf helle Unterlagen wie Steine und bieten ihren Körper voll den wärmenden Strahlen dar. Dabei werden die Flügel leicht geöffnet, damit sie ihn nicht beschatten.

Viele Mosaikjungfern suchen am späten Nachmittag, bei wechselhaftem Wetter auch tagsüber,

Bild 15. An einem heißen Tag macht dieses Männchen der Gemeinen Heidelibelle (*Sympetrum vulgatum*, S. 142) einen „Kopfstand“, um seinen Hinterleib möglichst wenig der Sonne auszusetzen („Obelisk-Stellung“).

Bild 16. Ein Männchen der Hufeisen-Azurjungfer (*Coenagrion puella,* S. 104) sitzt auf einem Seerosenblatt und spreizt die Flügel, damit die Sonnenstrahlen seinen Hinterleib erreichen können.

Bild 17. Ein Weibchen der Torf-Mosaikjungfer (*Aeshna juncea,* S. 158) presst sich am späten Nachmittag an den hellen, sonnenwarmen Stamm einer Birke.

Baumstämme in Gewässernähe auf und pressen ihren Körper an die sonnenwarme Borke. Besonders ausgeprägt ist dieses Verhalten bei Gebirgsarten, die darauf angewiesen sind, auch kurze Sonnenscheinperioden für Paarung und Eiablage zu nutzen. Selbst die Edellibellen, die sich normalerweise nur in senkrechter Körperhaltung an Pflanzen hängen, setzen sich gelegentlich auf den hellen Boden. Heidelibellen und Moosjungfern ruhen besonders gerne auf toten Zweigen und Ästen, doch auch Papier oder die Kleidung des Beobachters sind willkommen, wenn Sonne getankt werden soll. Vermutlich geht der wissenschaftliche Name der Heidelibellen – *„Sympetrum"* – (griech. syn-: mit, zusammen; petra: Fels, Stein) darauf zurück, dass sich diese Tiere gerne auf helle Steine setzen.
Demgegenüber führen andere Verhaltensweisen dazu, dass eine Überwärmung des Körpers vermieden wird. In heißen Gebieten, seltener auch bei uns, kann man beobachten, wie sich vor allem Segellibellen auf Pflanzen absetzen und ihren Hinterleib so anheben, dass er zur Sonne hinweist; sie können dabei geradezu einen Kopfstand machen.

## Feinde

Auch die Libellen haben viele Feinde. Gar manches Weibchen wird während der Eiablage von Fröschen gefangen, viele Libellen fallen den Vögeln zum Opfer oder enden in Spinnennetzen. Besonders gefährdet sind die Tiere während des Schlüpfens, denn da sind sie völlig wehr- und hilflos. Hier halten Vögel ihre Ernte, doch auch Wespen vergreifen sich gerne an der leichten Beute; selbst Ameisen und Schnecken wurden schon beobachtet, wie sie sich an frisch geschlüpften Libellen gütlich taten. An einem Gartenteich wurde beobachtet, dass Spatzen auf die vom Schlüpfplatz abfliegenden Libellen lauerten und die noch recht unbeholfenen Tiere wegfingen.
Auch durch die Witterung sind sie während dieses Vorganges stark gefährdet. Kaltes Wetter kann seine Vollendung sehr stark verzögern und die Tiere ihren aktiveren Feinden aussetzen, ein kräftiger Wind kann sie von ihrem Ruheplatz herunterreißen oder die noch weichen Flügel beschädigen.
Selbst von Parasiten werden sie geplagt: Oft findet man Libellen, an deren Brust oder Flügeladern rote oder braune Kügelchen haften; das sind Larven von Wassermilben der Gattung *Arrenurus,* die an den Tieren schmarotzen.
Die Entwicklung dieser Milben ist sehr kompliziert. Aus dem Ei schlüpft eine sechsbeinige Larve, die sich an eine geeignete Libellenlarve klammert. Während des Schlüpfvorganges wechselt sie auf die Libelle über, durch-

Bild 18 (oben). Ein Männchen der Blutroten Heidelibelle (*Sympetrum sanguineum*, S. 144) wird von der Radnetzspinne *Araneus (= Nuctenea) cornutus* ausgesaugt.

Bild 19 (unten). Dieses Weibchen der Blaugrünen Mosaikjungfer (*Aeshna cyanea*, S. 114) wurde während des Schlüpfens von Ameisen überfallen.

Bild 20 (oben). Auf den Flügeladern eines Männchens der Frühen Heidelibelle (*Sympetrum fonscolombii*, S. 139) sitzen die Larven einer parasitischen Wassermilbe (*Arrenurus papillator*).

Bild 21 (unten). Zwei Männchen der Becherjungfer (*Enallagma cyathigerum*, S. 106) sind dem Sonnentau (*Drosera rotundifolia*), einer Fleisch fressenden Pflanze unserer Moore, zum Opfer gefallen.

sticht die noch weiche Haut und saugt sich fest. Bei den Großlibellen sitzen die Milbenlarven zumeist an den Hauptadern der Flügel, bei Kleinlibellen am Körper. Wenn sie ausgereift sind, fallen sie ins Wasser und verpuppen sich. Nach der Puppenruhe erscheint die achtbeinige Nymphe, die räuberisch von kleinen Wassertieren lebt. Sie verpuppt sich ebenfalls; zuletzt schlüpfen die Milben, reifen heran, paaren sich und legen Eier.

Auch viele Larven fallen räuberischen Wassertieren zum Opfer, nicht zuletzt werden größere Libellenlarven an kleineren zu Kannibalen. Der größte Feind der Libellen ist der Mensch; darauf wird an anderer Stelle noch hingewiesen.

## Lebensraum

Die Larven aller einheimischen Libellen entwickeln sich im Wasser, an das ein Teil der Arten oft sehr hohe Ansprüche bezüglich des Säuregrades, des Mineral- und Sauerstoffgehaltes sowie der Vegetation stellt. Das müssen die Libellenweibchen bei der Eiablage berücksichtigen; deshalb trifft man an jedem Gewässertyp ein anderes Artenspektrum. Im systematischen Teil werden die Libellenarten nach ihren Lebensräumen zusammengefasst; über diese wird an den entsprechenden Stellen berichtet.

## Lebensraum aus zweiter Hand: Der Gartenteich

In den letzten Jahren ist die Anlage von Gartenteichen in Mode gekommen; diese können für manche Wassertiere zu wichtigen Lebensräumen werden, doch ihre Bedeutung für den Schutz der Libellen ist gering. Die allermeisten dieser künstlichen Gewässer sind viel zu klein, als dass sie vielen Arten eine Entwicklungsmöglichkeit bieten könnten. Sie werden zwar alsbald von Libellen besiedelt, da befruchtete Weibchen weit umherzuschweifen scheinen (direkte Beobachtungen hierzu gibt es kaum), doch stellen sich in der Regel nur die häufigsten Arten ein. Eine Aussicht auf Besiedelung durch bedrohte

Bild 22. Der Gartenteich des Verfassers.

Bild 23. An dem Gartenteich des Verfassers konnte erstmalig die Unterwasser-Eiablage der Großen Pechlibelle (*Ischnura elegans*, S. 98) fotografiert werden.

Arten besteht nur dann, wenn solche Teiche möglichst groß angelegt und durch ausgedehnte Sumpfzonen sowie geeignete Bepflanzung der Ufer so gestaltet werden, dass auch seltene Libellen eine Entwicklungsmöglichkeit vorfinden. Offensichtlich spielt hierbei die Umgebung eine wesentliche Rolle: Ist der Garten sehr gepflegt, dann stellen sich weniger Arten ein als in einem mehr naturbelassenen Grundstück. Die Besiedelung erfolgt rascher und die Fauna ist artenreicher, wenn natürliche Lebensräume in der Nähe vorhanden sind.

Immerhin bieten Gartenteiche hervorragende Möglichkeiten zur Erforschung des Verhaltens der Libellen, da sie leicht zugänglich und gut zu übersehen sind. Und selbst bei den häufigen Arten gibt es noch manches zu entdecken. So konnte ich durch Fotos dokumentieren, dass die Weibchen der Großen Pechlibelle (*Ischnura elegans*, S. 98) während der Eiablage völlig untertauchen können. Eine solche Beobachtung war 1935 veröffentlicht worden; weitere Berichte hierüber fehlten bislang.

## Die Paarung

Während der Paarung vereinigen sich die Partner zu einer herzförmigen Figur, dem Paarungsrad; dieses ist einmalig im Insektenreich. Um zu verstehen, wie es zustande kommt, muss man über die Begattungsorgane der Libellen Bescheid wissen.

Der weibliche Legeapparat befindet sich auf der Bauchseite des achten und neunten Hinterleibsringes. Bei den Klein- und den Edellibellen besteht er aus drei Paaren von Anhängen. Das erste Paar entspringt dem Hinterrand des achten, das zweite dem Vorderrand des neunten Segmentes; es sind harte, aufwärts gebogene und zugespitzte Fortsätze, die den Legestachel

bilden. Seitlich von diesem stehen am neunten Ring die Valven, die ihn als Scheide umgeben. Bei den übrigen Libellenfamilien, mit Ausnahme der Quelljungfern, sind die beiden ersten Paare reduziert, das Dritte ist stark verkürzt oder zu einer Platte verschmolzen. Diese Arten werfen ihre Eier zumeist aus dem Flug ins Wasser.

Den Quelljungfern dagegen fehlen die Valven; der Legestachel ist zu einem dicken, stumpfen „Setzholz" geworden, mit dessen Hilfe die Eier aus dem Flug in den Sandgrund der Gewässer eingestoßen werden.

Das männliche Begattungsorgan ist von dem aller anderen Insekten völlig verschieden. Der Ausführgang der Keimdrüsen mündet wie üblich auf der Bauchseite des neunten Hinterleibsringes, er wird von zwei Chitinklappen bedeckt. Als Begattungsorgan wirkt eine Sonderbildung an der Unterseite des zweiten und dritten Ringes. Sie ist bei Klein- und Großlibellen verschieden gebaut, hier können nur die Grundzüge erläutert werden. Die Bauchseite des zweiten Ringes

Bild 24. Männliches Begattungsorgan einer Kleinlibelle, 55 ×. Der Kopf des Tieres weist nach rechts. Das ovale Gebilde links ist die Samenblase. Der „Penis", dessen Ende normalerweise unter jener verborgen liegt, ist herauspräpariert worden; sein Ende, dessen Form von Art zu Art verschieden ist, bildet einen Löffel, mit dessen Hilfe während der Paarung das Sperma des Vorgängers entfernt wird. Die Fortsätze rechts im Bild dienen zum Festhalten des weiblichen Legeapparates.

bildet eine Höhlung, an deren Rand oftmals sehr typisch geformte Klammerorgane stehen; sie halten den weiblichen Legeapparat während der Paarung fest. Die Basis des dritten Ringes trägt eine Samenblase, die jedoch nur bei den Großlibellen in einen von einem scheidenartigen Fortsatz des zweiten Hinterleibsringes bedeckten „Penis" mündet. Bei den Kleinlibellen dagegen stellt eben diese Scheide den „Penis" dar; ihr Ende ist löffelartig gestaltet. Normalerweise ist das Ende des „Penis", der eine Analogiebildung zu dem der anderen Insekten darstellt, unter der Samenblase verborgen.

Auch die Form des männlichen Kopulationsorganes ist von Art zu Art verschieden und spielt (ebenso wie der weibliche Legeapparat) in der Taxonomie eine wichtige Rolle.
Vor der Vereinigung der Kopulationsorgane füllt das Männchen die Samenblase, indem es seinen Hinterleib krümmt und den neunten Ring an den Zweiten heranbringt. Dieser Vorgang kann vor oder nach Ergreifen des Weibchens stattfinden.
Wie bereits erwähnt, verankert das Männchen die Zangen seines Hinterleibsendes an Kopf oder Vorderbrust des Weibchens („Tandembildung"). Sodann (oder erst nach der Übertragung des Spermas auf die Samenblase) hebt es den Hinterleib an, das Weibchen krümmt den seinen vorwärts und stellt die Verbindung der Kopulationsorgane her; das herzförmige „Paarungsrad" wird gebildet. Das kann im Flug oder im Sitzen erfolgen. Tandems und Paarungsräder können gut und rasch fliegen, wobei das Weibchen aktiv mitwirkt oder sich vom Männchen tragen lässt. Die Paarung kann je nach Art eine halbe Minute oder mehrere Stunden dauern. Erst seit einigen Jahren wissen wir, dass die Männchen das Sperma ihres Vorgängers entfernen oder es unschädlich machen, bevor sie ihr eigenes einbringen.
Wie mag dieser komplizierte Vorgang im Laufe der Evolution entstanden sein? Fossilfunde geben keine Auskunft. Vermutlich muss man weit zurückgehen in die Vergangenheit, zu den noch flügellosen Ahnen der geflügelten Insekten, den *Apterygota*.

Bilder 25 und 26. Sperma-Übertragung (oben) und Paarungsrad (unten) der Weidenjungfer (*Chalcolestes viridis*, S. 92).

Bild 27. Paarungs-Irrtümer: Oben: Ein Männchen der Großen Pechlibelle (*Ischnura elegans,* S. 98) in Tandem mit einem Weibchen der Hufeisen-Azurjungfer (*Coenagrion puella,* S. 104).

Bilder 28 und 29. Paarungs-Irrtümer: Links unten: Ein Tandem aus zwei Männchen: Die Gemeine Binsenjungfer (*Lestes sponsa,* S. 88) hat eine Winterlibelle (*Sympecma fusca,* S. 86) ergriffen. Rechts unten: Selten kommt es zu einer Paarung zwischen zwei Arten. Ein Männchen der Blutroten Heidelibelle (*Sympetrum sanguineum,* S. 144) paart sich mit einem Weibchen der Großen Heidelibelle (*S. striolatum,* S. 140) (unten rechts).

Die Männchen der heute lebenden Vertreter dieser Gruppe setzen Samenkapseln ab, die von den Weibchen aufgenommen werden. Die Paarung der Insekten mag dadurch entstanden sein, dass es sicherer war, diese auf dem Körper abzusetzen, bei den Libellen auf jenem des Männchens; von da wurden sie sodann von den Weibchen übernommen. An der Stelle, die vom Hinterleibsende der Weibchen am Besten zu erreichen war, auf der Bauchseite des zweiten und dritten Hinterleibsringes, mag sich sodann das männliche Begattungsorgan entwickelt haben.

## Die Eiablage

Bei der Besprechung des weiblichen Legeapparates wurde darauf hingewiesen, dass man zwei Formen der Eiablage unterscheiden kann, eine ursprüngliche, bei der die Eier in Pflanzengewebe eingestochen werden („endophytische Eiablage"), und eine abgeleitete Form, bei der die Eier aus dem Flug abgeworfen oder am Substrat abgestreift werden („exophytische Eiablage"). Eine Sonderform der Letzteren findet sich bei den Quelljungfern, welche die Eier mit Hilfe ihres kräftigen Legestachels aus dem Flug in den Gewässergrund einbohren. Die erste Form ist für Klein- und Edellibellen typisch, die zweite für alle anderen Familien. Diese Aussage trifft freilich nur für die europäischen Arten zu, aus anderen Kontinenten sind zahlreiche Abweichungen von dieser Regel bekannt geworden.
Der Vorgang kann in Tandemstellung erfolgen wie bei vielen Klein- sowie einigen Edel- und Segellibellen oder aber das Weibchen ist während der Eiablage allein. Als Zwischenform kann die Ablage „mit bewachendem Männchen" angesehen werden, die bei den Segellibellen verbreitet ist; jenes hält sich in der Nähe des legenden Weibchens auf und vertreibt andere Männchen. Durch diese Strategien sorgen die Männchen dafür, dass möglichst viele der von ihnen selbst befruchteten Eier zur Entwicklung gelangen.
Manche Libellenarten sind streng an ein bestimmtes Ablagesubstrat gebunden, zumeist an bestimmte Pflanzen. So sticht die Grüne Mosaikjungfer (*Aeshna viridis,* S. 118) ihre Eier fast ausschließlich in die Krebsschere (*Stratiotes aloides*) ein. Auch sind viele Moorlibellen auf Torfmoose (*Sphagnum*-Arten) angewiesen.

Bilder 30–33. Links oben: Das Weibchen der Großen Pechlibelle (*Ischnura elegans*, S. 98) sticht seine Eier allein in Pflanzen ein. Links unten: Bei den meisten Kleinlibellen bleiben die Partner während der Eiablage verbunden (Kleines Granatauge, *Erythromma viridulum*, S. 97).

Rechts oben: Auch die meisten Edellibellenweibchen stechen ihre Eier ohne Begleitung durch das Männchen in Pflanzen ein (Große Königslibelle, *Anax imperator*, S. 120).

Rechts unten. Die Eiablage der Heidelibellen erfolgt in Tandemstellung. Ein Paar der Blutroten Heidelibelle (*Sympetrum sanguineum*, S. 144) wirft seine Eier über feuchtem Boden ab.

## Das Eistadium

Die Gestalt des Libelleneies ist je nach Art der Eiablage verschieden. Erfolgt diese in Pflanzengewebe, also endophytisch, dann pflegen die Eier eine lang gestreckte, zylindrische Form zu besitzen; exophytisch abgelegte dagegen sind rundlich. Freilich kommen auch Ausnahmen von dieser Regel vor, so sind die Eier des Zweifleckes (*Epitheca bimaculata*, S. 128) ebenfalls länglich.
Die Dauer des Eistadiums ist je nach Lebensraum und Flugzeit der Tiere sehr verschieden, doch auch die Temperatur spielt eine wesentliche Rolle. Das Schlüpfen der Prolarve kann bereits nach etwa zwei Wochen erfolgen, aus den im Herbst abgelegten Eiern dagegen schlüpfen die Tiere erst im nächsten Frühjahr. Insbesondere die Eier der Teichjungfern (*Lestidae*) und der Mosaikjungfern (*Aeshnidae*) entwickeln sich nur langsam, selbst bei tropischen Arten.
Auch das Eistadium ist von Umweltfaktoren und von Feinden bedroht. Insbesondere das Austrocknen führt zu Verlusten, andererseits sind die Eier vieler Bewohner von temporären Gewässern recht widerstandsfähig; sie entlassen die Prolarven erst dann, wenn ausreichend Feuchtigkeit vorhanden ist.
Die wichtigsten Feinde der Eier sind jedoch kleine parasitische Wespen. Die Wespenweibchen finden die Libelleneier selbst unter Wasser, wo sie geschickt schwimmen oder auf Pflanzen umherklettern, stechen sie an und belegen sie mit ihren Eiern. Die Verluste können beachtlich sein, in einem Fall wurden 11% parasitierter Eier festgestellt.

## Die Prolarve

Aus dem Ei schlüpft die Prolarve, die sich wesentlich von den älteren Larven unterscheidet; die Tiere sind länglich, die Beine nicht funktionsfähig und an die Bauchseite gepresst. Die Dauer dieses Stadiums ist sehr verschieden; schon nach Sekunden oder erst nach Stunden erfolgt die erste Häutung, aus der die Larve in ihrer endgültigen Form hervorgeht.
Die Prolarve stellt eine Übergangsform dar, deren Aufgabe es ist, sich aus dem Ei, gegebenenfalls auch aus dem Ablagesubstrat zu befreien und eventuell (falls die Eier über Wasser abgelegt wurden) den Wasserspiegel zu durchdringen. Ihre Oberfläche ist im Gegensatz zu jener der eigentlichen Larve Wasser abweisend, was diese Aufgaben erleichtern soll.
Manche Prolarven können springen. Diese Fähigkeit ist insbesondere für die Weidenjungfer (*Chalcolestes viridis*, S. 92) von großer Bedeutung. Die Weibchen dieser Art stechen ihre Eier in die Rinde von Zweigen ein, die über dem Wasser hängen. Nach dem Schlüpfen fällt ein Teil der Larven auf das Land; diese Tiere versuchen, das Wasser durch Springen zu erreichen.

# Die Larve

Der Larvenkörper entspricht in seinen Grundzügen jenem der fertigen Libelle; die Augen sind jedoch viel kleiner, der Leib kürzer; die Flügel werden erst bei älteren Larven als kurze Stummel sichtbar. Die Unterlippe ist zu einem zweigliedrigen Greiforgan geworden, das an seinem Ende ein Paar beweglicher, mit Zähnen oder Dornen versehener Fortsätze trägt. In der Ruhe liegt es der Unterseite des Kopfes und der Brust an und bedeckt bei manchen Arten das Gesicht wie eine Maske; deshalb wird es als „Fangmaske" bezeichnet. Sie wird hydraulisch vorgeschnellt, ergreift die Beute, zieht sie zu den Kiefern und hält sie während des Fressens fest.

An ihrem Hinterende tragen die Larven der Großlibellen fünf kräftige Stacheln, die normalerweise gespreizt sind; wenn man die Tiere festhält, setzen sie sich zur Wehr, indem sie durch Krümmen des Hinterleibes zu stechen versuchen. Bei den Kleinlibellen sind es drei lang gestreckte, von Atemröhren (Tracheen) durchzogene Blättchen; sie unterstützen die Atmung und wirken beim Schwimmen als Ruder, wobei die Tiere sich regelrecht durchs Wasser schlängeln.

Die Libellenlarven atmen mit Hilfe ihres Darmes; ein Teil desselben, der Kiemendarm, besitzt zahlreiche von Tracheen durchzogene Hautfalten, deren Oberfläche den Sauerstoff aus dem Wasser aufnimmt und Kohlendioxid abgibt. Die Larven der Großlibellen tauschen das Wasser durch Atembewegungen des Hinterleibes ständig aus. Es kann bei Gefahr mit solcher Kraft ausgestoßen werden, dass sie mit angezogenen Beinen wie eine Rakete davonschießen. Bei Sauerstoffmangel suchen die Tiere die Wasseroberfläche auf, strecken ihr Hinterende aus dem Wasser und atmen Luft.

Die Larven der Klein- und der Edellibellen halten sich bevorzugt in der Vegetation auf, die der übrigen Arten auf dem Grund des Wassers oder in diesen eingegraben. Hier lauern sie auf Beute, an die sich manche Arten auch langsam anpirschen können. Als solche dienen alle Wasserlebewesen, die kleiner sind als die Tiere selbst, auch andere Libellenlarven.

Wie bei allen Insekten, kann auch bei den Libellenlarven der Chitinpanzer dem Wachstum nicht folgen; deshalb häuten sie sich im Laufe ihres Lebens 7–13mal. Die Dauer des Larvenstadiums ist von Art zu Art verschieden; doch auch die Wassertemperatur und das Nahrungsangebot spielen eine Rolle. Angaben hierüber finden sich im speziellen Teil.

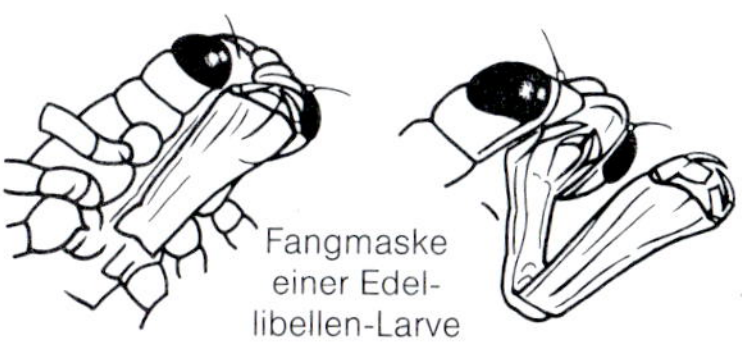

Fangmaske einer Edellibellen-Larve

Bild 34 (S. 36 oben): Die Larve einer Kleinlibelle.

Bild 35 (S. 36 unten links): Die Ruderblättchen am Hinterleibsende einer Kleinlibellenlarve.

Bild 36 (S. 36 unten rechts): Die Larve der Großen Königslibelle (*Anax imperator*, S. 120).

Bild 37 (S. 37 oben): Eine Larve der Großen Königslibelle frisst eine Kleinlibellenlarve.

Bild 38 (S. 37 unten): Die Larve des Plattbauches (*Libellula depressa*, S. 130).

## Das Schlüpfen

Wegen des ähnlichen Körperbaues von Larve und fertigem Insekt können die Libellen auf ein Puppenstadium verzichten; mit der letzten Häutung wird aus der Larve die Imago, das voll entwickelte Tier. Diesem Vorgang geht die Metamorphose voraus, die Umwandlung des Körpers und die Umstellung von der Wasser- auf die Luftatmung. Äußerlich merkt man wenig davon; die Larven werden träger, sie stellen die Nahrungsaufnahme ein. Die größeren Augen der Libelle schimmern durch den Kopfpanzer, die Unterlippe zieht sich aus der Fangmaske zurück. Da sich die Atemlöcher an der Brust (die Stigmen) öffnen, suchen die Tiere kurz vor dem Schlüpfen die Wasseroberfläche auf und strecken häufig die Brust an die Luft.

Eines Morgens ist es soweit: Die Larve verlässt das Wasser und klettert an einer Unterlage hoch; nur wenige Arten können den Schlüpfvorgang auch in waagerechter Haltung vollenden. Die Fußkrallen werden sorgfältig verankert, da die leeren Beinhüllen später das Gewicht der Libelle tragen müssen; durch heftige Körperbewegungen wird der Halt geprüft und gegebenenfalls verbessert. Sodann presst das Tier seine Körperflüssigkeit in die Brust; diese schwillt an, der Panzer reißt zwischen den Flügelscheiden auf. Kopf, Brust, Flügel und Beine werden befreit, der Hinterleib bleibt zunächst noch in der Larvenhaut (der Exuvie). Die meisten Großlibellen lassen nunmehr ihren Körper hinten überhängen, Kleinlibellen dagegen und Flussjungfern verharren in aufrechter Stellung. Durch Einpressen von Flüssigkeit wird jetzt der Kopf ausgeformt. Nach etwa einer halben Stunde zieht das Tier den Hinterleib aus der Hülle; dann werden zunächst die Flügel und schließlich der Hinterleib gedehnt. Das überschüssige Wasser wird tropfenweise durch den After ausgeschieden, sodann tritt die Libelle ihren „Jungfernflug" an, der sie für längere Zeit vom Wasser fortführt.

Bilder 39–42. Die Große Pechlibelle (*Ischnura elegans,* S. 98) schlüpft. Links oben: Die Libelle hat den Kopf und einen Teil der Brust aus der Larvenhaut befreit. Rechts oben: Nachdem der Vorderkörper frei ist, legt das Tier eine Ruhepause ein. Links unten: Auch der Hinterleib ist frei, die Flügel beginnen sich zu strecken. Rechts unten: Die Libelle ist bereit zum Abflug.

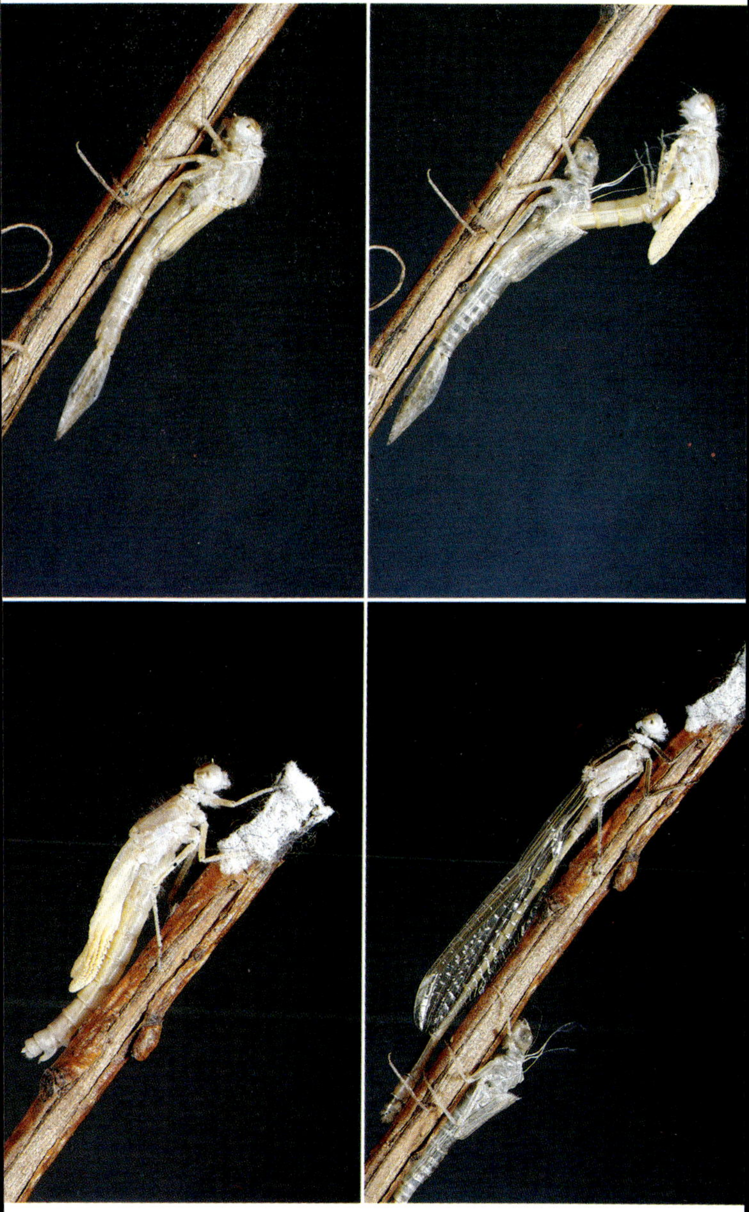

Bilder 43 und 44. Schlüpfende Großlibellen: Während der Ruhepause hängen die meisten Großlibellen kopfabwärts an der Larvenhaut (Große Königslibelle, *Anax imperator,* S. 120). Unten: Nur die Flussjungfern (Westliche Keiljungfer, *Gomphus pulchellus,* S. 109) ruhen in aufrechter Haltung.

## Die Ausfärbung

Der Körper frisch geschlüpfter Libellen ist weich, die kräftigen Farben fehlen; nur die schwarzen Zeichnungen erscheinen bald nach dem Schlüpfen. Die Flügel fallen durch ihren Glanz auf, bei einigen Arten auch durch eine Gelbfärbung der Membran, die sich später verliert.

Die erste Zeit verbringen die meisten Arten fern vom Wasser und jagen nach Insekten; die Keimdrüsen reifen und die endgültigen Körperfarben erscheinen. Erst ganz zuletzt bildet sich jene bläuliche Wachsbereifung, die für viele Segellibellenmännchen so typisch ist, die man aber auch bei den Männchen der Teichjungfern wenigstens an Teilen des Körpers beobachten kann. Auch das Rot der männlichen Heidelibellen stellt sich erst mit der Geschlechtsreife ein.

Mit zunehmendem Alter können sich die Farben weiter verändern. Metallfarben verlieren ihren Glanz, die anfangs grüne Brust der Männchen der Großen Königslibelle wird braun, vor allem können alte Segellibellenweibchen den Männchen ähnlich werden, indem auf ihrem Körper ebenfalls eine Wachsbereifung erscheint (S. 131, 135).

Dieser Farbwechsel erschwert das richtige Ansprechen der Arten; die „Bilderbuchmethode", der Vergleich mit Abbildungen, führt häufig zu Fehlbestimmungen. Man muss deshalb von Anfang an auf bestimmte Details in Form und Zeichnung achten und der Farbe weniger Bedeutung beimessen.

## Gefährdung und Schutz

In den letzten Jahren ist ein drastischer Rückgang der Libellen festzustellen, sowohl was die Arten- als auch die Individuenzahl betrifft. Schuld daran ist der Mensch; er entzieht ihnen den Lebensraum oder verändert ihn so, dass viele Arten keine Entwicklungsmöglichkeiten mehr vorfinden. Da werden Gewässer zugeschüttet, Moore werden abgetorft oder trocken gelegt, Bäche und Flüsse werden durch Einleitung von Abwässern und Einschwemmen von Düngemitteln und Pestiziden verschmutzt. Die Folgen all dieser Vorgänge kommen in den „Roten Listen der gefährdeten Pflanzen- und Tierarten" zum Ausdruck, die sowohl vom Bund als auch von den Ländern herausgegeben werden. Sie unterscheiden sich zum Teil in der Einstufung der Arten, insgesamt jedoch ist ihre Aussage erschreckend: $^2/_3$ der rund 80 einheimischen Libellenarten sind gefährdet, fast $^1/_5$ ist vom Aussterben bedroht oder gar verschollen. Auch in unseren Nachbarländern ist die Lage um keinen Deut besser.

Was kann man tun, damit die Libellen eine Überlebenschance haben? Der Einzelne nur wenig; er sollte die Abwässer möglichst wenig mit Chemikalien belasten, er sollte die Lebensräume der Tiere nicht beeinträchtigen, etwa durch Lagern an Seeufern oder durch Betreten von Mooren. Der Landwirt sollte in Gewässernähe das Düngen und die Schädlingsbekämpfung einschränken. Die Angler, die sich so gerne als Naturschützer bezeichnen, sollten ihre Gewässer nicht durch Vernichtung der Vegetation und durch übermäßigen Fischbesatz in überdüngte Zuchtteiche verwandeln; gerade sie sollten bedenken, dass sie für ein reines Hobby die Lebensräume seltener Pflanzen und Tiere zerstören. Die Behörden sollten damit aufhören, Gewässer zu vernichten; die notwendigen Pflegemaßnahmen sollten möglichst eingeschränkt werden und nur nach einer Beratung durch Fachleute erfolgen. Bei den einzelnen Libellenarten wird der Gefährdungsgrad nach der „Roten Liste gefährdeter Tiere und Pflanzen Deutschlands (1998)" angegeben, in einigen Fällen werden ergänzende Hinweise gegeben.

## Die Libellenfotografie

Das Naturschutzgesetz verbietet das Sammeln von Libellen. Über den Sinn und (vor allem) Unsinn dieser Bestimmung wurde viel geschrieben; sie erschwert die Arbeit jener, die die so notwendigen Bestandsaufnahmen machen wollen, und führt zu Fehlbestimmungen anhand von Fotos, die oftmals in die Literatur eingehen. Einen Beitrag zum Schutz der Libellen leistet dieses Gesetz nicht; noch keine Libellenart wurde durch Sammeln ausgerottet! So bleibt als Ausweg das Fotografieren der Tiere. Doch das ist nicht einfach: Als Augentiere sehen die Libellen den Fotografen in der Regel lange, bevor dieser sie entdeckt hat, und suchen das Weite. Da sie auf jede Bewegung reagieren, ist es sehr schwer, sich anzupirschen; man muss sich möglichst klein machen und sich notfalls auf allen Vieren anschleichen. Jede plötzliche Bewegung, auch von Pflanzen, muss vermieden werden.

An die Kameraausrüstung werden einige Anforderungen gestellt. Das beginnt mit dem Einstellsystem; keine der so hochgelobten „Einstellhilfen" wie Mikroprismenspot oder Schnittbildentfernungsmesser taugt etwas. Oft genug versagen sie bei Verwendung von Zwischentuben oder Balgengeräten; zudem liegen sie in der Mitte der Einstellscheibe, während sich die Teile der Libellen, auf welche man einstellen muss, ganz woanders befinden. Außerdem muss man sich bemühen, Kopf und Hinterende, insbesondere von Kleinlibellen, in die Schärfeebene zu bringen und die sieht man an den Rändern der Mattscheibe. Kaufen Sie deshalb nur eine Kamera mit auswechselbarer Einstellscheibe und lassen Sie eine durchgehende Mattscheibe einsetzen.

Bei der Aufnahme bewähren sich längere Brennweiten, etwa 135 oder 200 mm. Zurzeit verwende ich ein Schiebezoom 75–300 mm sowie Vorsatz-Achromate zur Naheinstellung, so dass Aufnahmen bis zu einem Maßstab von 1:1 möglich sind. Mit der kurzen Brennweite (größeres Bildfeld!) können die Objekte schnell aufgefunden werden, die Aufnahme selbst erfolgt meist mit 300 mm. Selbstverständlich kann man mit Tageslicht arbeiten; die Aufnahmen werden meist sehr natürlich, zudem kann man durch besondere Effekte (Gegenlicht, Einbezug von Lichtreflexen oder Spiegelungen) die Schönheit der Tiere betonen. Wegen der Ver-

Bild 45. Das Kamerasystem des Verfassers. Das Blitzgerät ist mit dem 200-mm-Makroobjektiv starr verbunden. Das blaue Kästchen (Eigenbau) enthält einen 6-Volt-Blitzakku, der weit mehr Aufnahmen zulässt als die normalerweise verwendeten Batterien.

wacklungsgefahr (oft ist man gezwungen, aus schwierigen und unsicheren Körperhaltungen zu fotografieren) muss man kurze Belichtungszeiten wählen und wegen der erforderlichen Abblendung hoch empfindliche, grobkörnige Filme. Auch das Licht kann je nach Tageszeit und Wetter zu Farbverfälschungen führen; oft ist es auch nicht hell genug, insbesondere, wenn die Tiere im Schatten sitzen.
Deshalb empfehle ich den Gebrauch eines Elektronenblitzgerätes; die allermeisten Aufnahmen in diesem Buch sind mit einem solchen entstanden. Es muss freilich so lichtstark sein, dass es das Tageslicht weitgehend unterdrückt, sonst können durch Verwacklungen Doppelkonturen entstehen; die Leitzahl sollte annähernd 40 (für 100 ASA) betragen. Bastler können das Licht mit Hilfe einer kräftigen Sammellinse vor dem Reflektor stärker bündeln; den günstigsten Abstand muss man durch Probieren ermitteln. Mein Gerät ist dicht über der Optik angebracht, so dass ich eine fast schattenlose Ausleuchtung erziele. Ringblitze lehne ich ab, da die meisten Fabrikate bei größerem Aufnahmeabstand die halbe Landschaft ausleuchten, während das Licht am Objekt selbst zu schwach ankommt.

## Zum Gebrauch der Bestimmungsschlüssel

Der erste Schlüssel ermöglicht eine Bestimmung der mitteleuropäischen Libellen bis zur Gattung; die Art kann durch einen Vergleich mit den Abbildungen und Beschreibungen ermittelt werden. In vielen Fällen wurden nur die Männchen abgebildet, da zur sicheren Bestimmung der Weibchen oft eine Lupe erforderlich ist; das Verhalten der Tiere erlaubt jedoch meist ihre Zuordnung. Ein Beispiel soll den Gebrauch des Schlüssels (ab S. 49) erläutern: Ihnen liegt ein Plattbauch-Männchen (*Libellula depressa*) vor. Sie vergleichen die Flügelform mit der Tabelle 1 (S. 49 oben); diese trifft nicht zu, wohl aber die auf Tabelle 2 (S. 50). Es handelt sich also um eine Großlibelle (*Anisoptera*). Nun betrachten Sie den „Kopf von oben". Die Augen berühren sich auf dem Scheitel; das entspricht der rechten Zeichnung. Die Pfeile führen Sie zu zwei Flügeldarstellungen. Sie suchen die eingezeichneten Aderndreiecke auf und erkennen, dass wiederum die rechte Zeichnung zutrifft. Nun betrachten Sie den „Kopf von der Seite". Der Augenhinterrand ist nicht ausgebuchtet; Sie wechseln daher zu Tabelle 4 (S. 51 unten) über, da ihr Tier zu den Segellibellen (*Libellulidae*) gehört. Der dunkle Fleck an der Basis der Hinterflügel ist vorhanden, die Stirn ist nicht weiß, also handelt es sich entweder um *Libellula depressa* oder *L. fulva*; ein Vergleich mit den Abbildungen dürfte Ihre Zweifel beseitigen.

Auf Fotos sind manche dieser Merkmale nicht oder nur schlecht zu erkennen; hier hilft ein Vergleich mit den Abbildungen weiter, der Sie schnell auf die richtige Fährte bringen dürfte. Das führt aber zu einem weiteren Hinweis: Fotografieren Sie unbekannte Tiere wenn möglich von oben und von der Seite, machen Sie Großaufnahmen der Vorderpartie sowie der männlichen Hinterleibsanhänge. Auf jeden Fall sollten Sie den Abschnitt über die Ausfärbung der Libellen (S. 41) lesen, bevor Sie mit Bestimmungsversuchen beginnen.

Der Gebrauch des Larvenschlüssels (ab S. 52) ist grundsätzlich der Gleiche; zur Erkennung mancher Merkmale ist jedoch eine starke Lupe erforderlich. Freilich müssen einige Fachausdrücke erklärt werden, die vor allem aus Platzgründen verwendet wurden: Das Mentum ist das Endglied der Fangmaske; es trägt die Labialpalpen, die als Greiforgane wirken. Als Procte werden die Hinterleibsanhänge bezeichnet, die bei den Kleinlibellen (nur bei diesen dienen sie in unseren Tabellen als Merkmale) blättchenförmig ausgebildet sind. Der obere (mittlere) Anhang ist der Epiproct, die beiden seitlichen sind die Paraprocte. Die Antennen sind die Fühler, der Occiput ist der hinter den großen Augen gelegene Teil des Kopfes. Die Tabelle gilt im Allgemeinen nur für die in Mitteleuropa vertretenen Libellen, da die Larven mancher mediterraner Arten bisher noch nicht bekannt sind. In den meisten Fällen ist die Bestimmung nur bis zur Gattung möglich; für die Identifikation der Arten sei auf das Original (W. DREYER, U. FRANKE 1987) verwiesen.

Bild 46. Hinterleibszeichnung der Azurjungfern. Gezeigt wird die Rücken-, bei *C. hylas* auch die Seitenansicht. Das Männchen ♂ ist jeweils oben, das Weibchen ♀ unten dargestellt.

**A** *Coenagrion hylas freyi*. **B** *C. caerulescens*. **C** *Cercion lindenii*. **D** *Coenagrion scitulum*. **E** *C. mercuriale*. **F** *C. puella*. **G** *C. pulchellum*. **H** *C. ornatum*. **I** *C. hastulatum*. **J** *C. lunulatum*. **K** *C. armatum*. **L** *Enallagma cyathigerum*.

## Hinterleibszeichnung der Azurjungfern

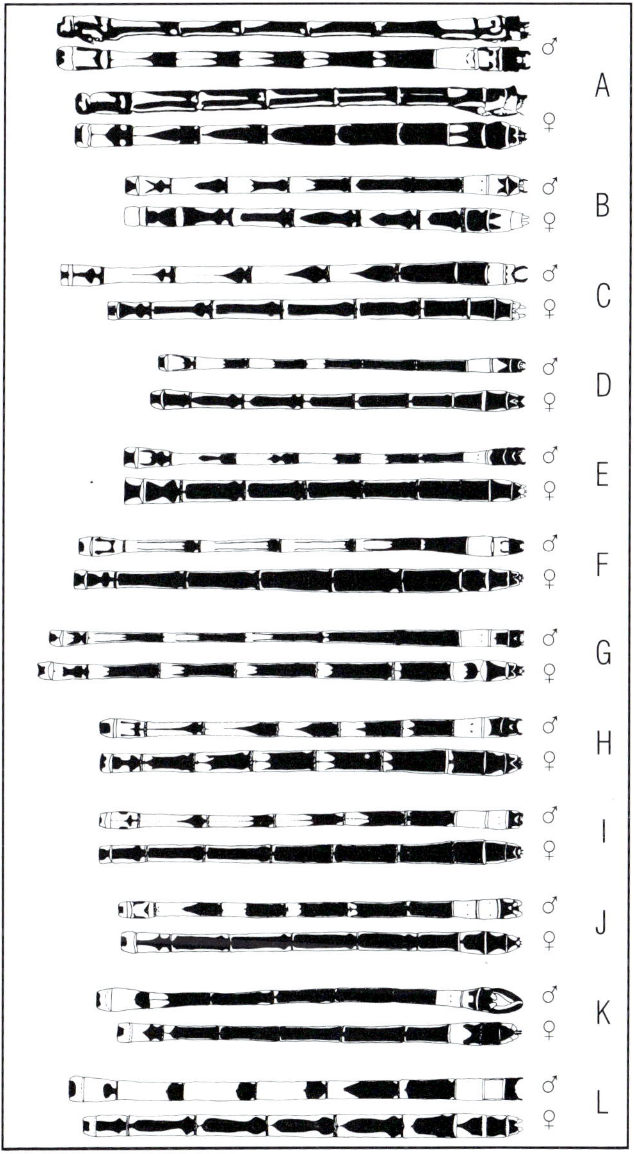

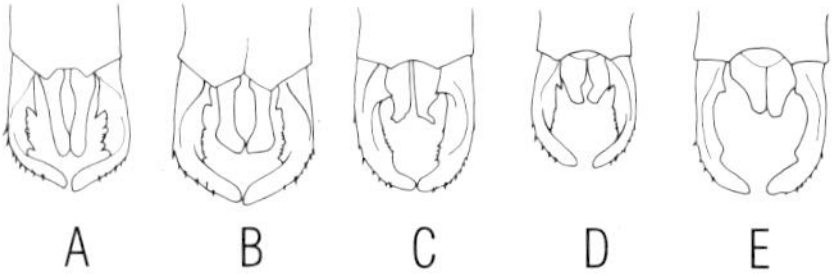


Bild 47. Hinterleibsanhänge der Männchen von *Lestes* und *Chalcolestes* von oben. **A** *L. sponsa.* **B** *L. dryas.* **C** *L. barbarus.* **D** *L. virens.* **E** *Ch. viridis.*

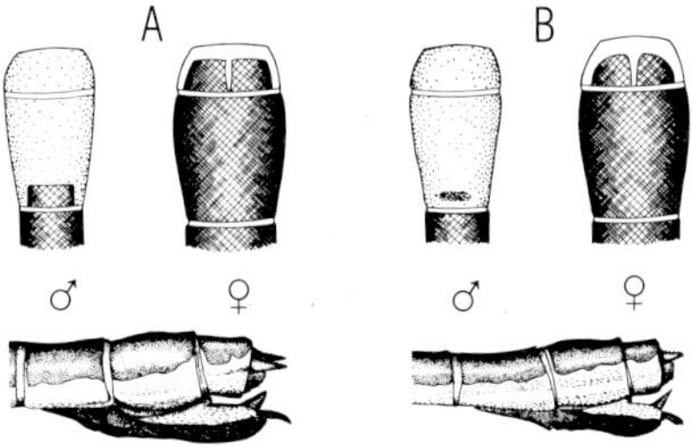


Bild 48. Die Unterscheidung von *Lestes dryas* (**A**) und *L. sponsa* (**B**). Oben links: Wachsbereifung der ersten beiden Hinterleibsringe der Männchen. Oben rechts: Dunkle Zeichnung der beiden ersten Hinterleibsringe der Weibchen. Darunter: Hinterleibsende der Weibchen mit Legeapparat.

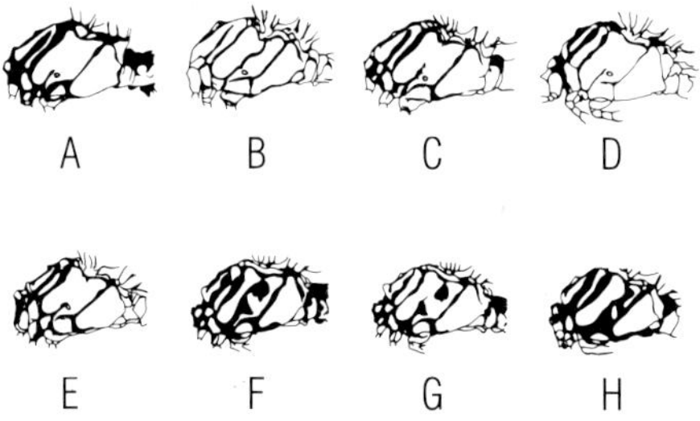


Bild 49. Brust der Flussjungfern in Seitenansicht. **A** *Gomphus vulgatissimus.* **B** *G. pulchellus.* **C** *G. simillimus.* **D** *G. flavipes.* **E** *G. graslinii.* **F** *Onychogomphus f. forcipatus.* **G** *O. f. unguiculatus.* **H** *O. uncatus.* (Nach d'AGUILAR et al. 1985)

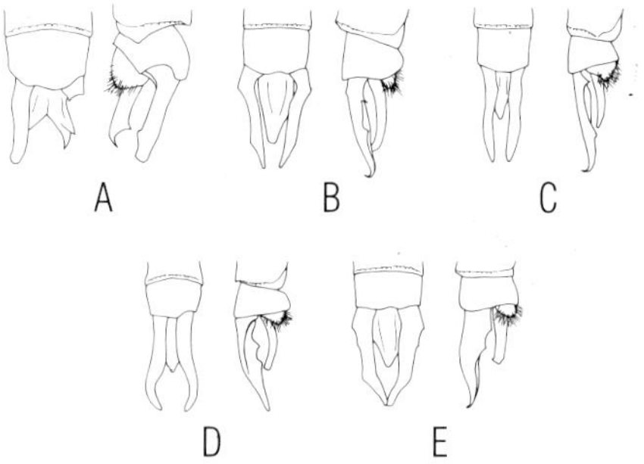


Bild 50. Männliche Hinterleibsanhänge von *Cordulia* und *Somatochlora*; links Rücken-, rechts Seitenansicht.
**A** *Cordulia aenea.* **B** *Somatochlora metallica.* **C** *S. flavomaculata.* **D** *S. arctica.* **E** *S. alpestris.*

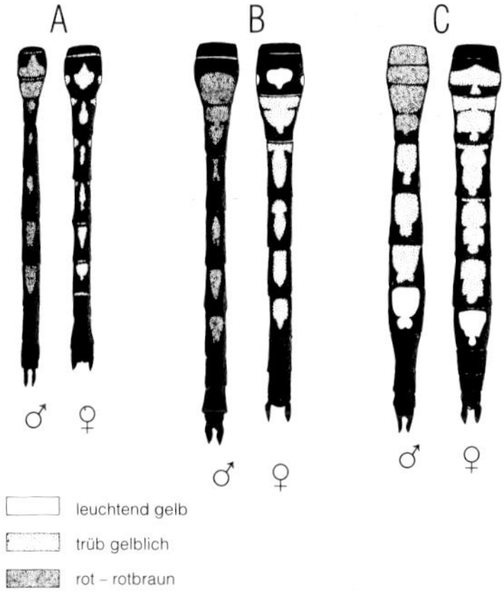


Bild 51. Schema der Hinterleibszeichnungen von *Leucorrhinia dubia* (**A**), *L. rubicunda* (**B**) und *L. pectoralis* (**C**). Links das Männchen, rechts das Weibchen.

Auf Verwechslungen mit den ähnlich gezeichneten Weibchen von *L. caudalis* und *L. albifrons* achten: Die Hinterleibsanhänge dieser beiden Arten sind (fast) weiß!

# Erläuterung der Symbole

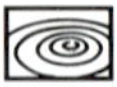 Weiher, Teiche, Seen

 Flüsse

 Bäche, Gräben

 Moorseen, Moore

 Offenes Wasser

 Schwimmblätter

 Röhricht, Binsen

 Untergetauchte Pflanzen

 Sümpfe

 Torfmoose

 Büsche und Bäume am Ufer

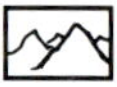 Nur im Gebirge

 Nur in der Ebene

 Im Mittelmeergebiet verbreitet und häufig

♂ Männchen

♀ Weibchen

**Gefährdungsgrad** (Angaben nach der Roten Liste gefährdeter Tiere Deutschlands; Bonn-Bad Godesberg 1998)

0 Ausgestorben oder verschollen

1 Vom Aussterben bedroht

2 Stark gefährdet

3 Gefährdet

R Extrem selten, mit geographischer Restriktion

G Gefährdung anzunehmen, aber Status unbekannt

V Art der Vorwarnliste

D Daten nicht ausreichend

Die Larvendarstellungen auf den Seiten 56–63 wurden von dem Schweizer Kunstmaler und Entomologen Dr. h. c. PAUL A. ROBERT (1901–1977) geschaffen. Sein Lebenswerk, meisterhafte Aquarelle fast sämtlicher europäischer Libellenlarven, wurde nie veröffentlicht. (Aus P. A. ROBERT: Die Libellen [Odonaten]. Bern: Kümmerly & Frey, 1959.
Französische Originalausgabe: Les Libellules. Neuchâtel: Delachaux & Niestlé, 1958.)

# Bestimmungsschlüssel Libellen

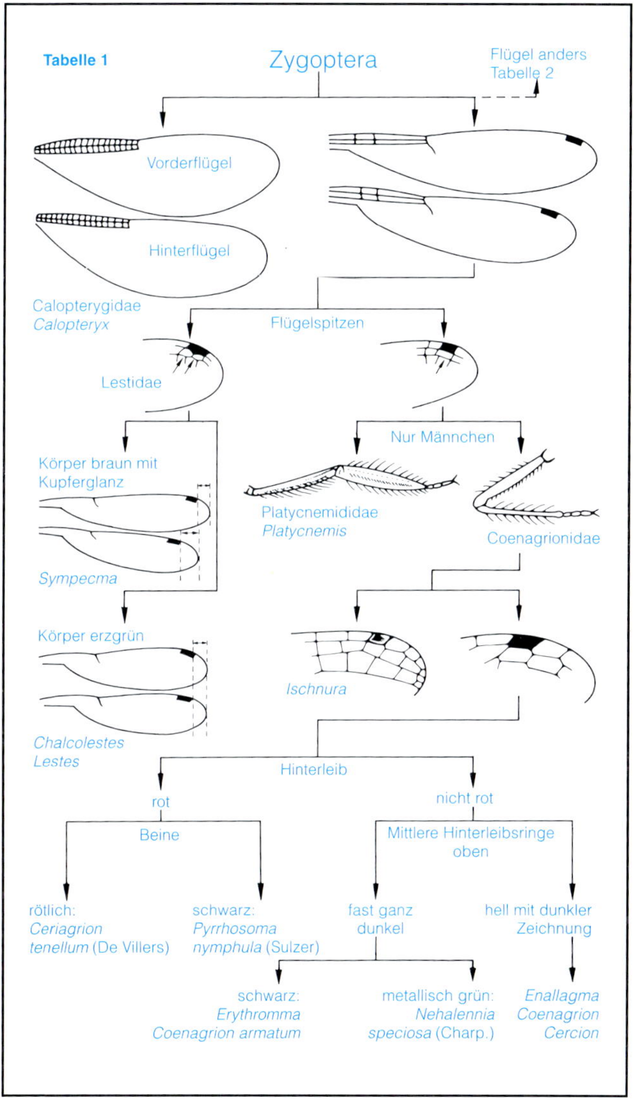

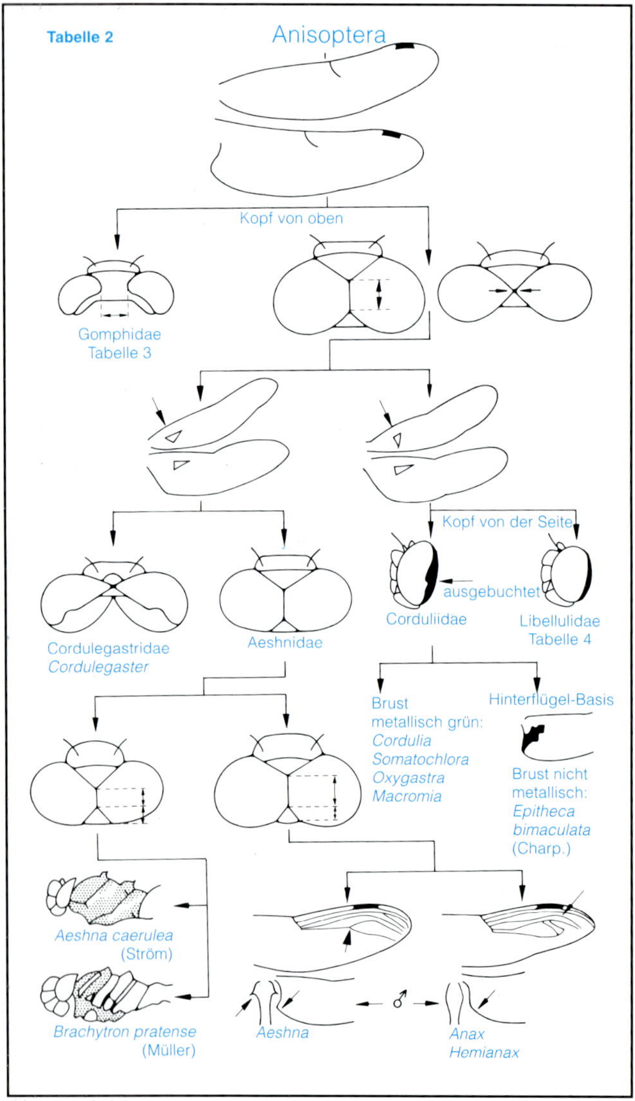
Tabelle 2
Anisoptera
Kopf von oben
Gomphidae
Tabelle 3
Kopf von der Seite
ausgebuchtet
Corduliidae
Libellulidae
Tabelle 4
Cordulegastridae
Cordulegaster
Aeshnidae
Brust
metallisch grün:
Cordulia
Somatochlora
Oxygastra
Macromia
Hinterflügel-Basis
Brust nicht
metallisch:
Epitheca
bimaculata
(Charp.)
Aeshna caerulea
(Ström)
Brachytron pratense
(Müller)
♂
Aeshna
Anax
Hemianax

# Bestimmungsschlüssel Libellen

**Tabelle 3**

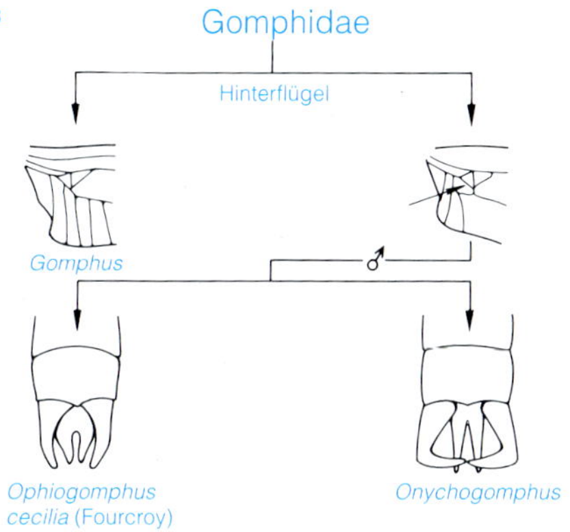


**Tabelle 4**

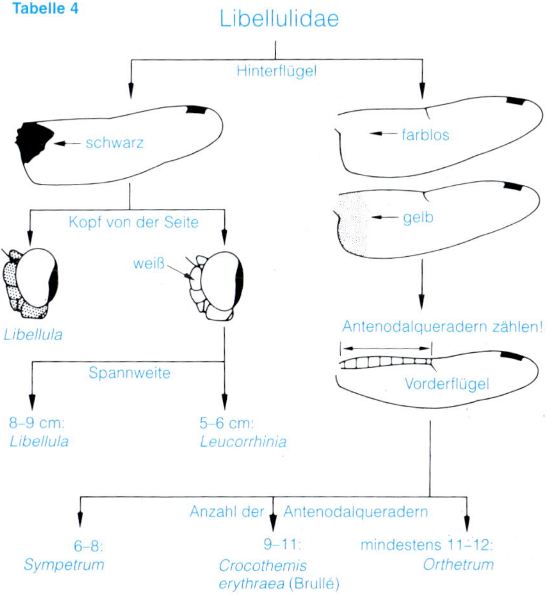

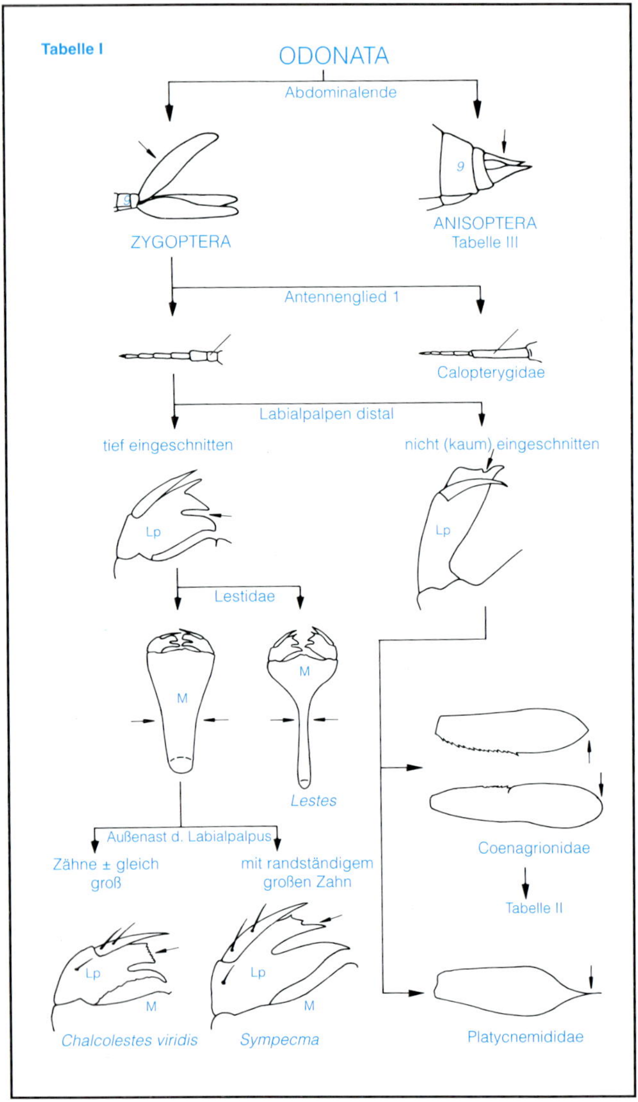
Tabelle I
ODONATA
Abdominalende
9
9
ZYGOPTERA
ANISOPTERA
Tabelle III
Antennenglied 1
Calopterygidae
Labialpalpen distal
tief eingeschnitten
nicht (kaum) eingeschnitten
Lp
Lp
Lestidae
M
M
Lestes
Außenast d. Labialpalpus
Zähne ± gleich
groß
mit randständigem
großen Zahn
Lp
M
Chalcolestes viridis
Lp
M
Sympecma
Coenagrionidae
Tabelle II
Platycnemididae

# Bestimmungsschlüssel Libellenlarven

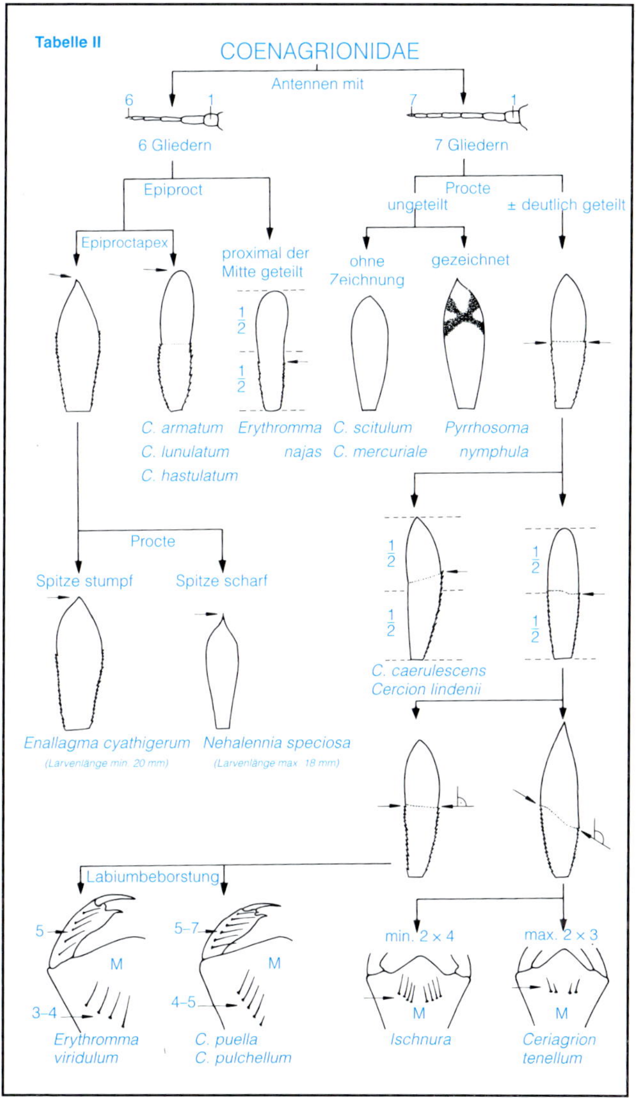

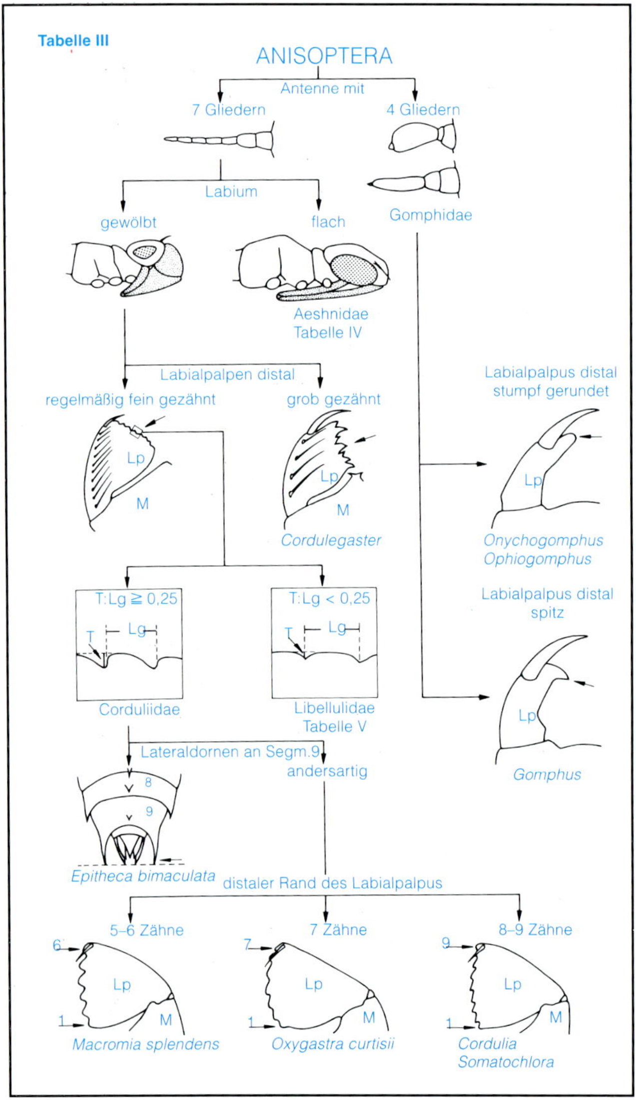
Tabelle III
ANISOPTERA
Antenne mit
7 Gliedern
4 Gliedern
Labium
gewölbt
flach
Gomphidae
Aeshnidae
Tabelle IV
Labialpalpen distal
regelmäßig fein gezähnt
grob gezähnt
Lp
M
Cordulegaster
Labialpalpus distal
stumpf gerundet
Onychogomphus
Ophiogomphus
Labialpalpus distal
spitz
Gomphus
T:Lg ≧ 0,25
T:Lg < 0,25
T
Lg
Corduliidae
Libellulidae
Tabelle V
Lateraldornen an Segm.9
andersartig
8
9
Epitheca bimaculata
distaler Rand des Labialpalpus
5–6 Zähne
7 Zähne
8–9 Zähne
6
7
9
1
Macromia splendens
Oxygastra curtisii
Cordulia
Somatochlora

# Bestimmungsschlüssel Libellenlarven

**Tabelle IV**

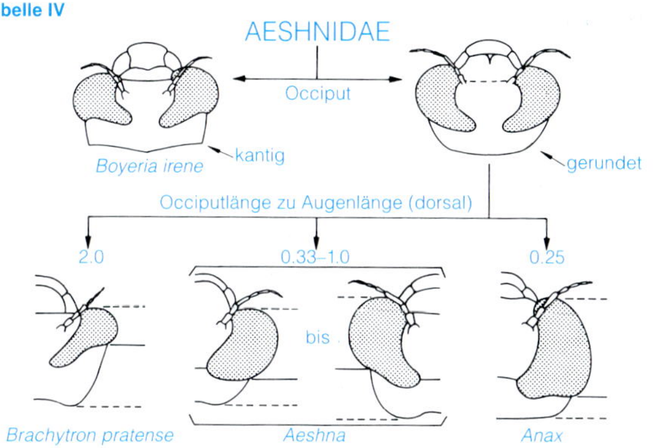


**Tabelle V**

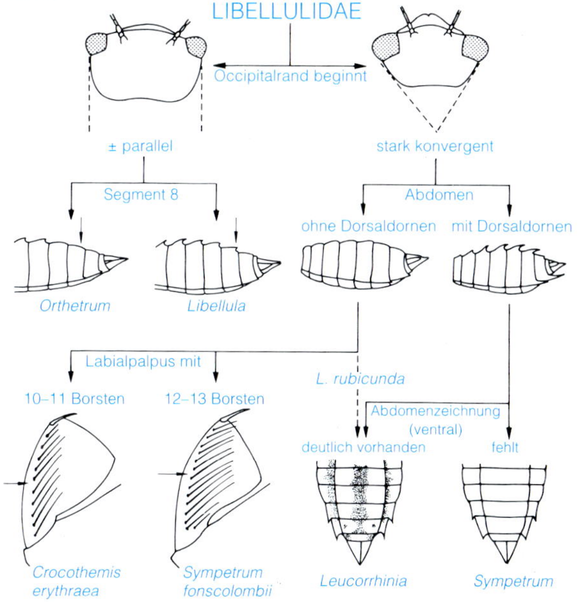

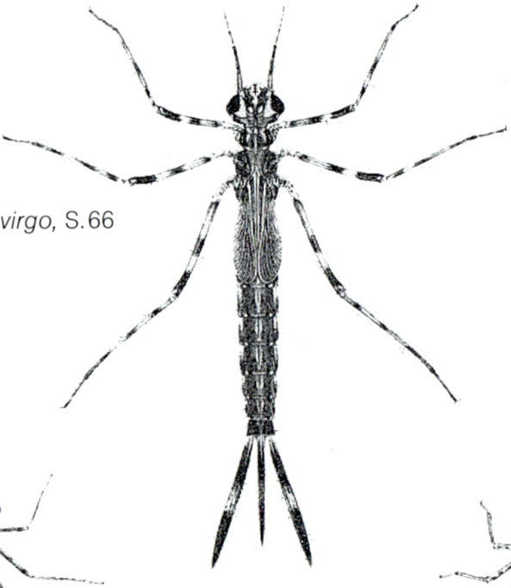

*Calopteryx virgo*, S. 66

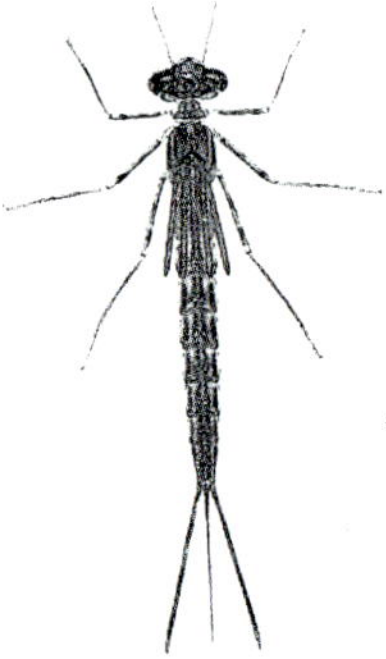

*Sympecma fusca*, S. 86

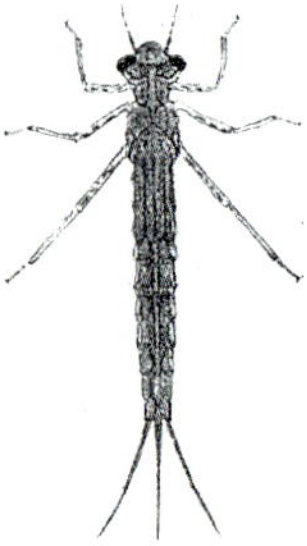

*Coenagrion hastulatum*, S. 155

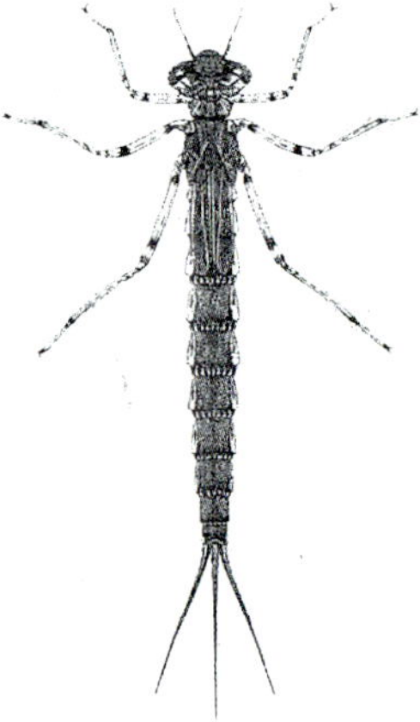

*Erythromma naias*, S. 96

# Libellenlarven

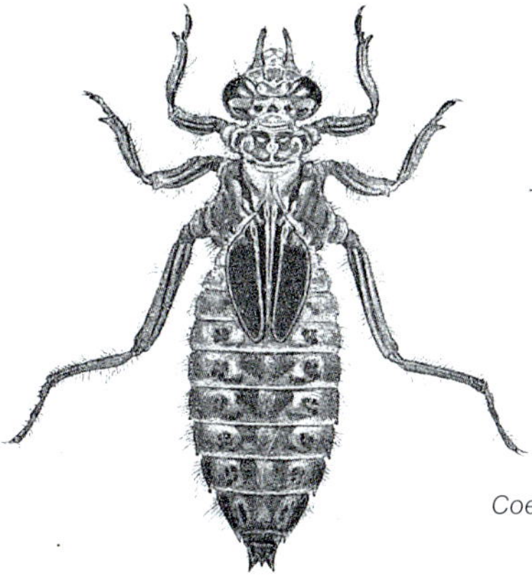

*Gomphus vulgatissimus*, S. 78

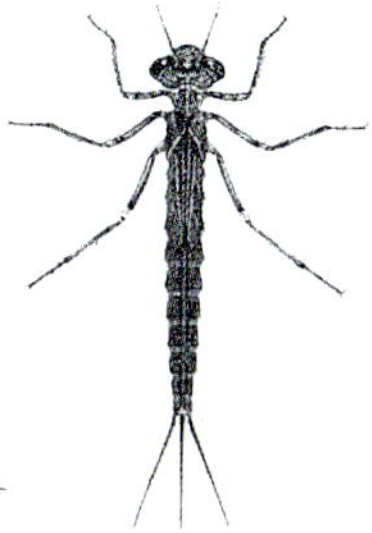

*Coenagrion pulchellum* ♂, S. 105

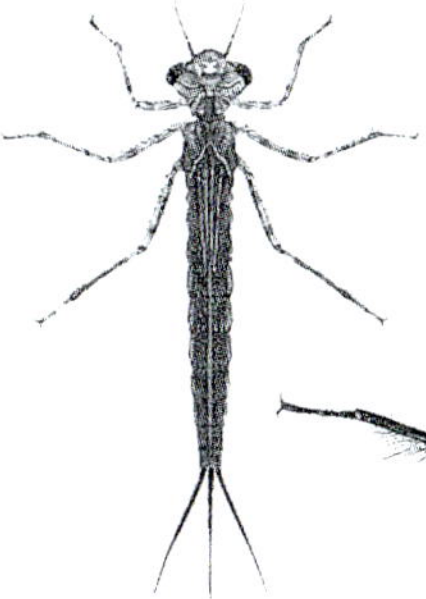

*Coenagrion pulchellum* ♀, S. 105

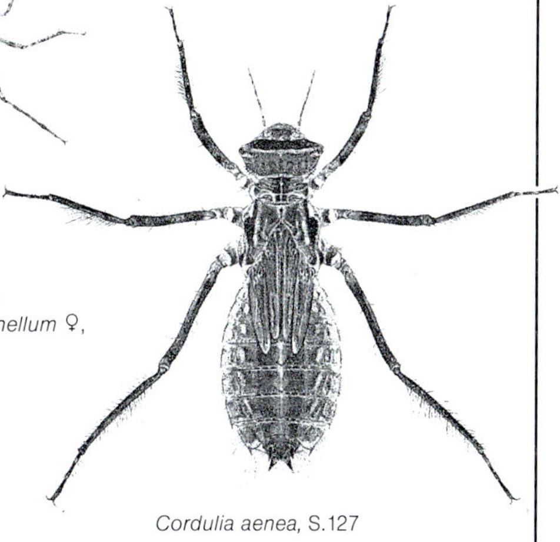

*Cordulia aenea*, S. 127

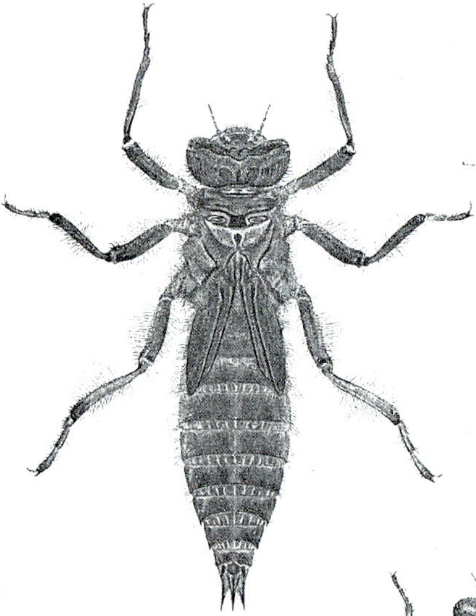

Cordulegaster boltoni, S. 82

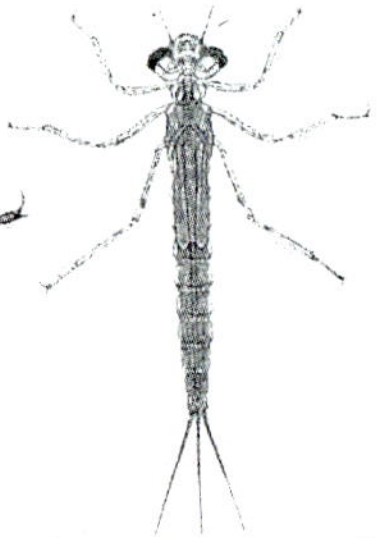

Coenagrion puella ♂, S.104

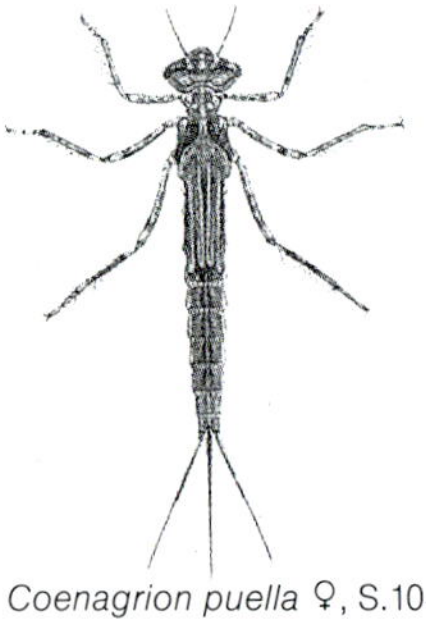

Coenagrion puella ♀, S.104

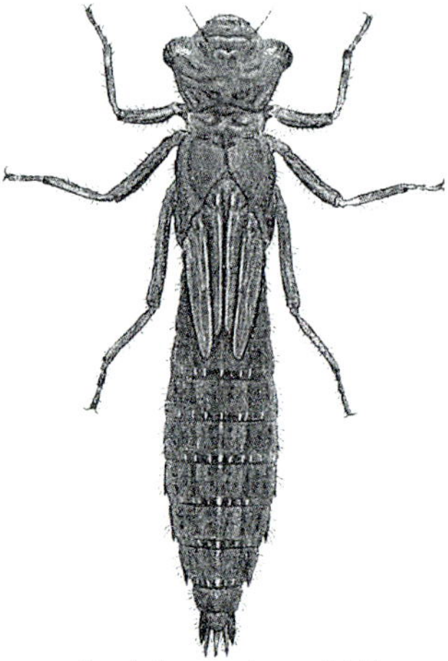

Brachytron pratense, S.110

# Libellenlarven

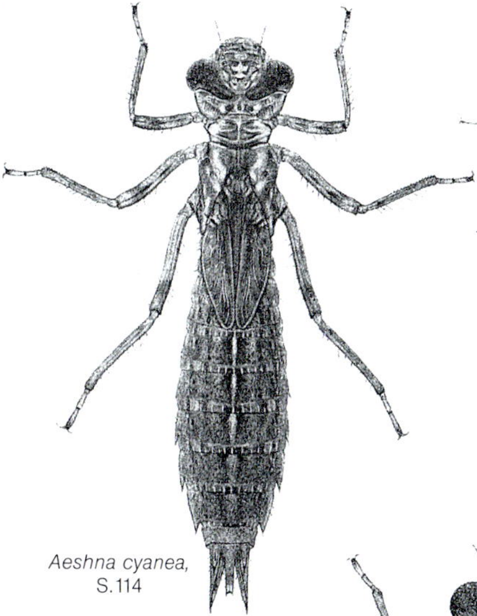

*Aeshna cyanea*, S. 114

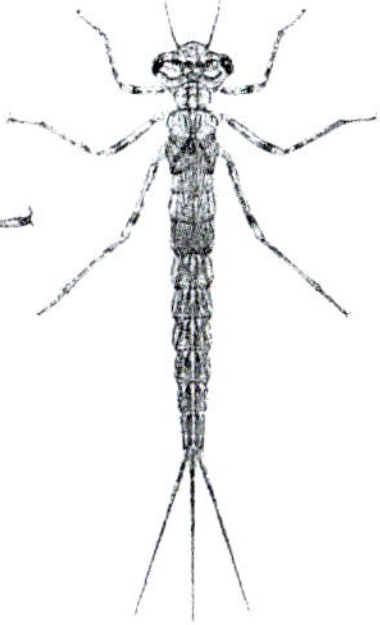

*Ischnura elegans* ♂, S. 98

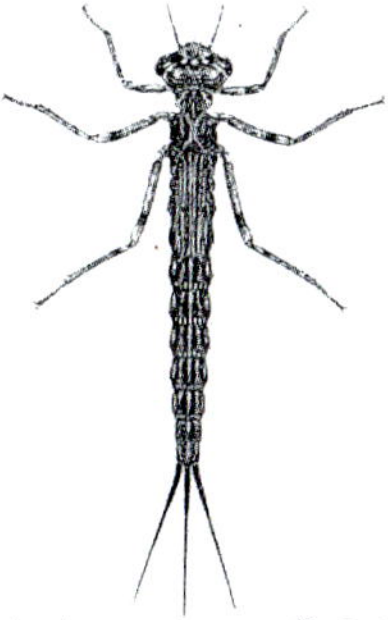

*Ischnura elegans* ♀, S. 98

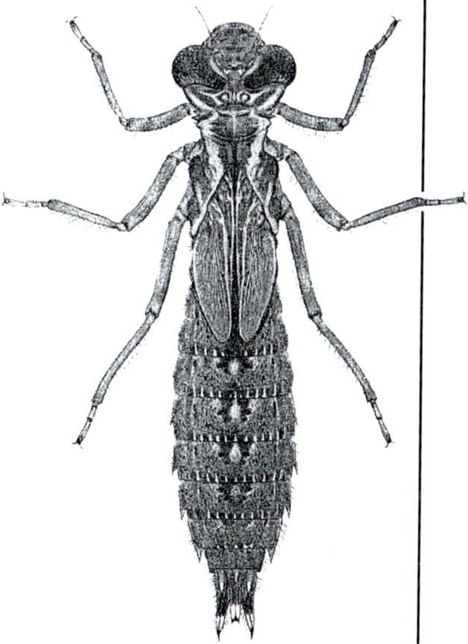

*Aeshna grandis*, S. 112

# Libellenlarven

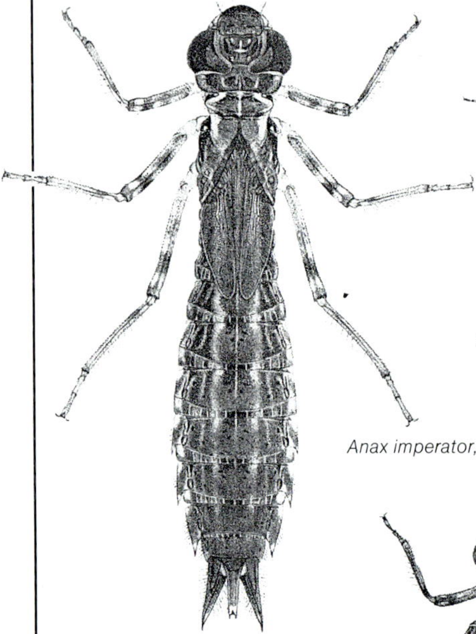

*Anax imperator*, S.120

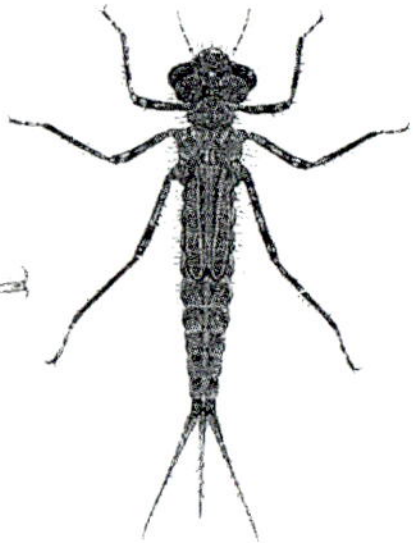

*Pyrrhosoma nymphula*, S.94

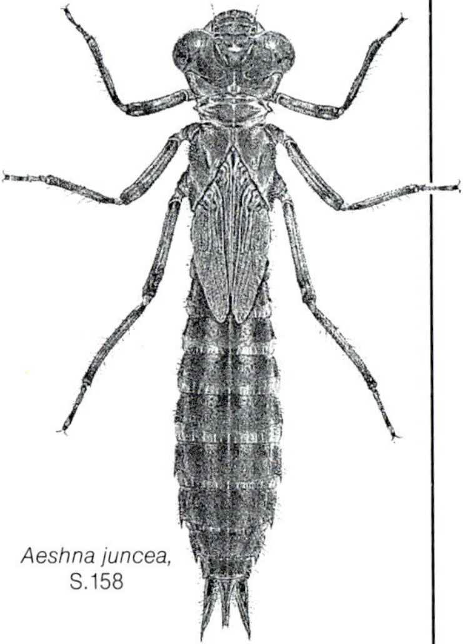

*Aeshna juncea*, S.158

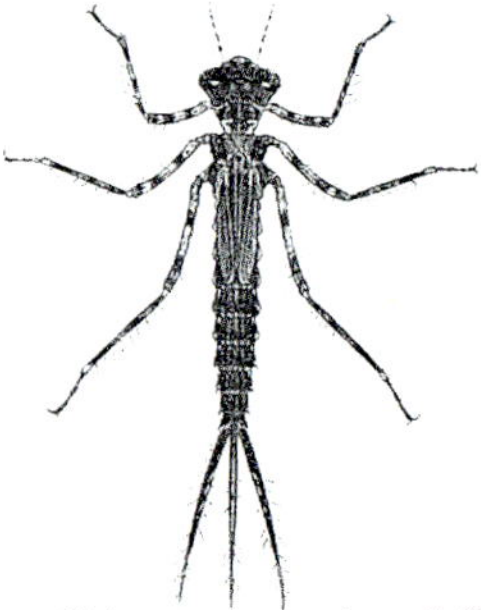

*Platycnemis pennipes*, S.68

# Libellenlarven

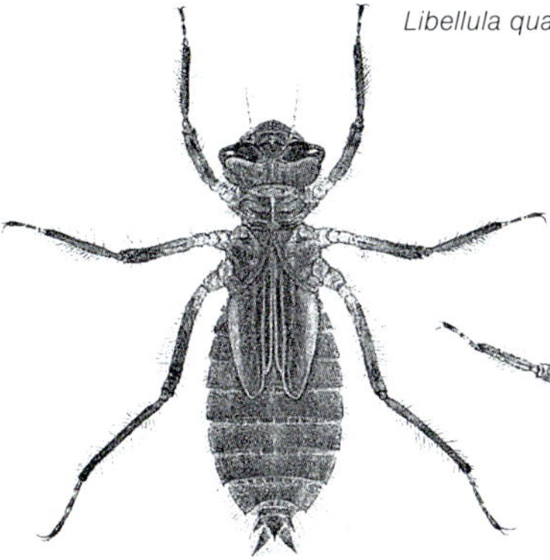

*Libellula quadrimaculata*, S.129

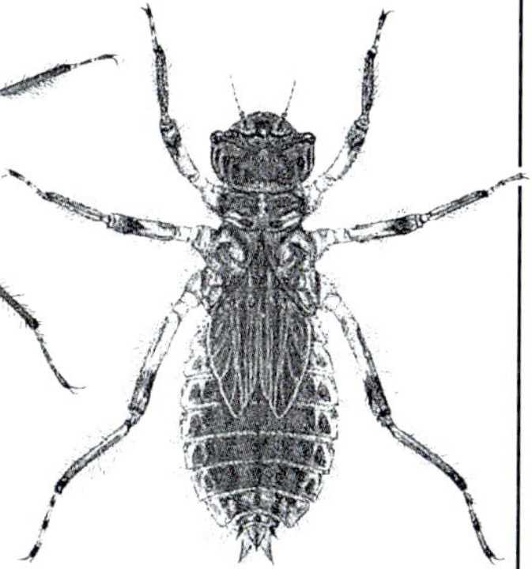

*Libellula depressa*, S.130

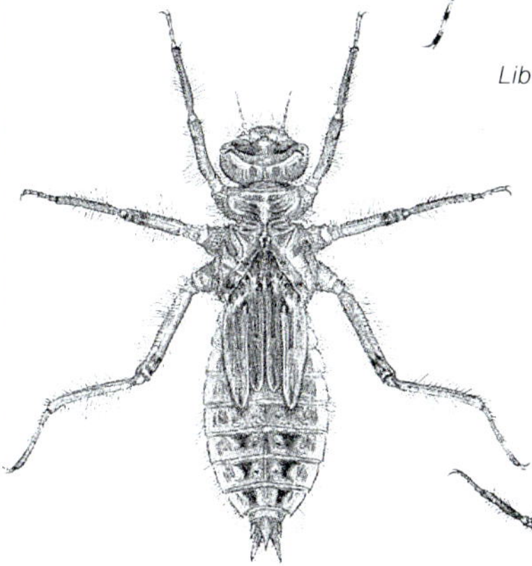

*Orthetrum cancellatum*, S.134

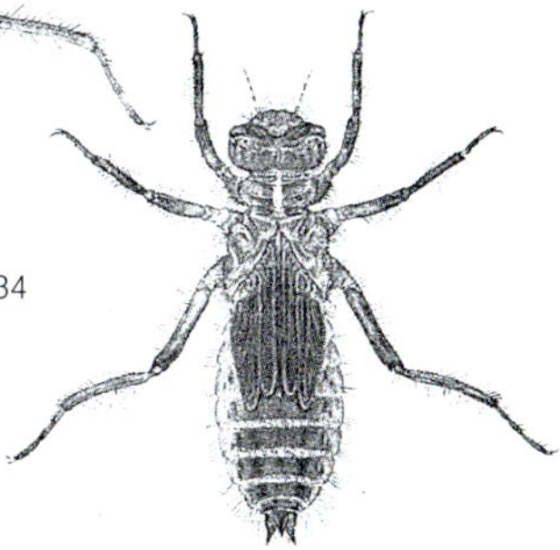

*Orthetrum brunneum*, S.137

# Libellenlarven

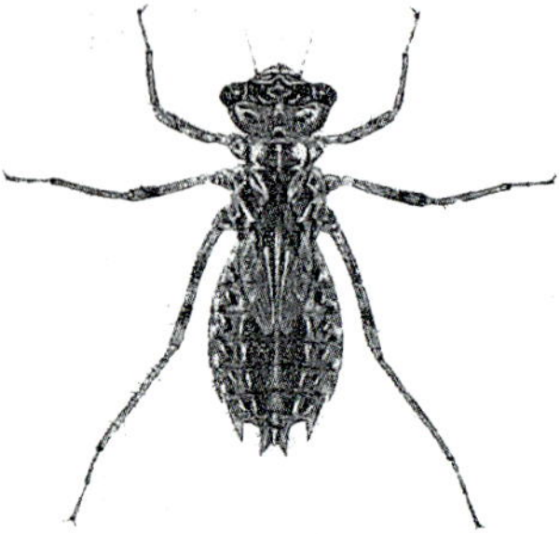

Sympetrum vulgatum, S.142

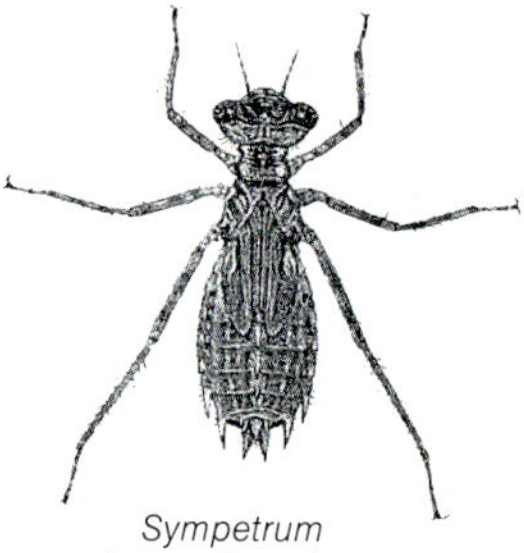

*Sympetrum depressiusculum*, S.146

*Sympetrum danae*, S.148

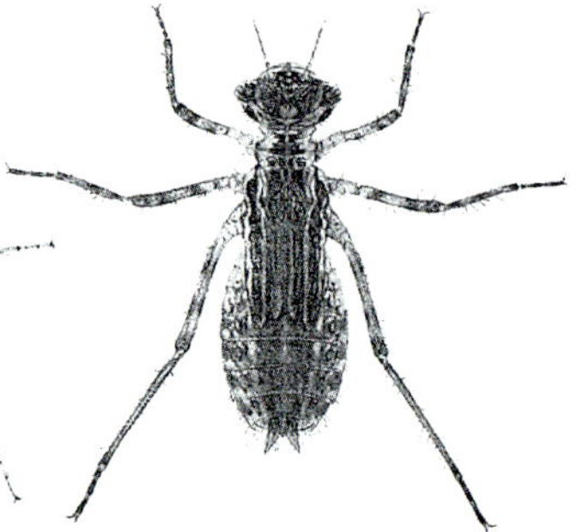

*Sympetrum fonscolombei*, S.139

*Orthetrum coerulescens*, S.75

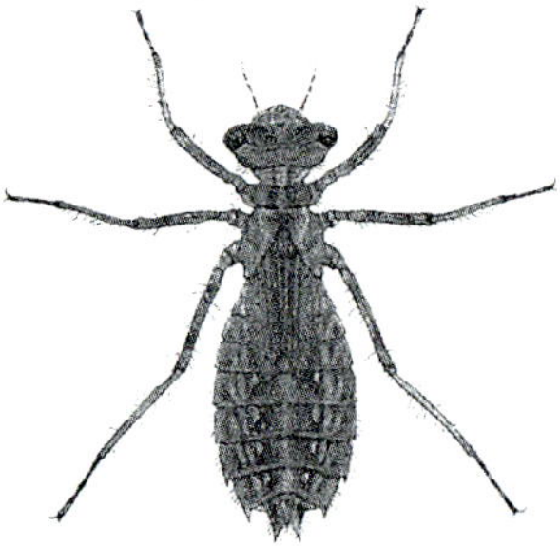

*Leucorrhinia dubia*, S.162

# Hinterleibsanhänge von Kleinlibellenlarven

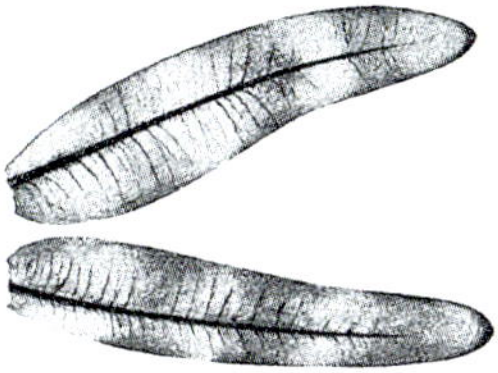

*Lestes sponsa*, S. 88

*Erythromma naias*, S. 96

*Chalcolestes viridis*, S. 92

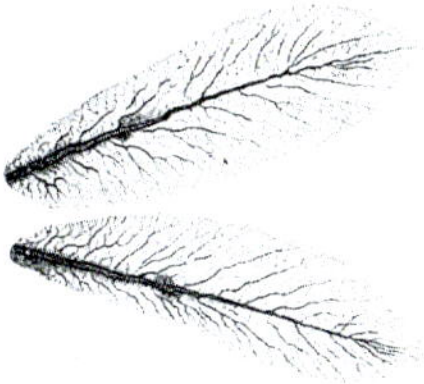

*Enallagma cyathigerum*, S. 106

*Sympecma fusca*, S. 86

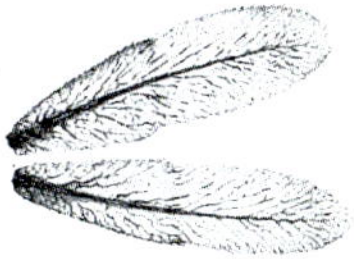

*Coenagrion puella*, S. 104

*Pyrrhosoma nymphula*, ♂, S. 94

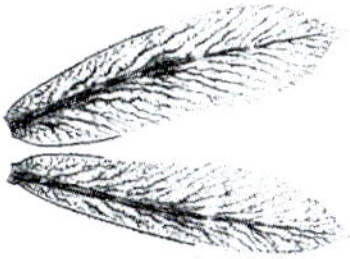

*Ischnura elegans*, S. 98

*Pyrrhosoma nymphula*, ♀, S. 94

*Platycnemis pennipes*, S. 68

# Bach und Fluss

Nur verhältnismäßig wenige Libellenarten sind an das Leben in Fließgewässern angepasst. Solche gibt es in großer Mannigfaltigkeit, von rasch fließenden Gebirgsbächen bis zu langsam strömenden Gräben, Bächen und Flüssen der Ebene. Die meisten Arten ziehen Gewässer mit geringer Strömung vor, nur die Quelljungfern (*Cordulegaster,* S. 82, 83, 182) sind auf das sauerstoffreiche Wasser rasch strömender Bäche angewiesen. Doch auch ihre Larven finden sich vor allem in den ruhigeren Bereichen, wo sich zwischen den Steinen ein Sandgrund angesammelt hat. Deshalb kann die Zweigestreifte Quelljungfer auch an langsamer fließenden Bächen der Ebene eine Heimat finden.

Typische Bach- und Flusslibellen sind die Prachtlibellen (*Calopteryx,* S. 66, 170, 171) und die Flussjungfern (*Gomphidae,* S. 76ff., 179f.). Insbesondere Letzteren bieten auch die Brandungszonen großer Seen einen günstigen Lebensraum, denn der Wellenschlag sorgt für Strömung und gute Durchlüftung des Wassers.

Ein natürlicher Bach- oder Flusslauf weist unterschiedliche Lebensräume auf; Zonen mit starker Strömung wechseln mit solchen, in denen das Wasser fast stagniert. So kann man an verschiedenen Stellen eine unterschiedliche Zusammensetzung der Fauna beobachten. Selbst Arten stehender Gewässer können besonders ruhige Zonen mit reicher Vegetation besiedeln, insbesondere in Südeuropa.

Diese Mannigfaltigkeit an ökologischen Nischen ist eine Voraussetzung für ein reiches Libellenleben. Leider wird sie zumeist durch menschliche Eingriffe zunichte gemacht. Flussläufe werden begradigt oder gar in gemauerte oder betonierte Betten gezwungen, ihre Vegetation wird vernichtet. Die Einleitung von Abwässern, die oft genug mit Chemikalien aller Art belastet sind, beeinträchtigt in hohem Maße die Qualität des Wassers. Auch die jetzt so empfohlene Bepflanzung der Ufer mit Bäumen, die das Wasser beschatten und den Pflanzenwuchs unterdrücken sollen (und damit die Fähigkeit zu einer biologischen Selbstreinigung des Wassers vermindern), tut ein Übriges. So sind Bäche und Flüsse mit einem reichen Libellenleben selten geworden. Ob die jetzt so beliebten Bachpatenschaften zu einer Besserung der Situation führen werden, bleibt abzuwarten.

Auch schmale Wiesengräben mit schwacher Strömung haben ihre Spezialisten. Wenn das Wasser kalkhaltig ist, werden sie gerne von der Vogel- (*Coenagrion ornatum,* S. 70) und der Helm-Azurjungfer (*C. mercuriale,* S. 72) besiedelt (kürzlich wurde ein neues Vorkommen der Vogel-Azurjungfer an einem Graben mit huminsäurehaltigem Wasser auf Torfgrund entdeckt; das zeigt, dass die Literaturangabe „kalkhaltig" bei dieser Art möglicherweise nicht zutrifft). Beide Arten waren vor Jahrzehnten noch recht häufig; der starke Eintrag von Düngemitteln und Pestiziden, unter dem gerade dieser Gewässertyp besonders leidet, hat sie an den Rand der Ausrottung gebracht. Die Larven von Libellen fließender Gewässer sind auf den hohen Sauerstoffgehalt des Wassers angewiesen.

Viele Arten suchen die Strömung zu vermeiden, indem sie sich in der Vegetation verbergen oder in den Bodengrund eingraben. Ihr Körper ist oft flach gebaut, die Beine sind kräftig. Nur die Larven der Prachtlibellen klammern sich an Pflanzen und setzen sich der Strömung aus.

Die Art der Eiablage zeigt ebenfalls mancherlei Anpassungen an die besonderen Bedingungen solcher Gewässer. Bei den Kleinlibellen, die ihre Eier in Pflanzengewebe einstechen, ist dies weniger der Fall als bei Arten mit exophytischer Eiablage. Das Verhalten der Quelljungfern wurde bereits beschrieben (S. 31). Die Eier jener Arten, die sie an der Wasseroberfläche abstreifen, sind in eine gelatineartige Masse eingehüllt, die im Wasser quillt und klebrig wird; so werden sie bei Berührung mit Pflanzen oder Steinen an diesen verankert.

All diese Anpassungen an die besonderen Lebensbedingungen, welche die Libellen in fließenden Gewässern vorfinden, haben sie zu extremen Spezialisten gemacht, die auf jede Veränderung ihres Lebensraumes sehr empfindlich reagieren; fast alle sind deshalb in hohem Maße gefährdet.

**Bach und Fluss** V

**Gebänderte Prachtlibelle**
*Calopteryx splendens* (HARRIS)
Familie Prachtlibellen (*Calopterygidae*)

Flügelspannweite: 6–7 cm.
Verwechslungsarten: *C. virgo*. Die Männchen dieser Art haben fast ganz dunkle, blaugrün schillernde Flügel, die von *C. splendens* nur eine breite Binde. Die Flügel der Weibchen von *virgo* sind bräunlich, jener von *splendens* dagegen grünlich transparent.
Gefährdungsgrad: V. Art der Vorwarnliste.
Flugzeit: Mai bis August.
Lebensraum: Langsam fließende Gewässer mit viel Vegetation.
Verhalten: Die Männchen besetzen Territorien, die sie von einer erhöhten Sitzwarte aus verteidigen. Von Zeit zu Zeit fliegen sie die Grenzen in einem eigenartigen Schwirrflug ab, der der Reviermarkierung dient. Wenn ein fremdes Tier einfliegt, öffnen sie zunächst ihre Flügel und zeigen die Innenseiten. Sodann fliegen sie ihm entgegen; es kommt zu Schaukämpfen, in die oftmals die Inhaber benachbarter Territorien verwickelt werden. Die Werbung um einfliegende Weibchen beginnt mit dem „Eiablageplatz-Zeigen“; das Männchen setzt sich auf die Vegetation, biegt die letzten Hinterleibsringe nach oben und zeigt die artspezifisch gefärbte Unterseite. Nach einem Werbetanz, der der Arterkennung dient und deshalb bei den verschiedenen *Calopteryx*-Arten unterschiedlich abläuft, kommt es zur Paarung. Diese dauert etwa 15 Minuten; dann trennen sich die Partner, das Weibchen fliegt zum Eiablageplatz und sticht seine Eier im Sitzen in schwimmende Pflanzenteile ein, wobei es vollständig untertauchen kann. Der Revierinhaber vertreibt unterdessen andere Männchen; er kann sich jedoch mit weiteren Weibchen paaren, so dass in einem Revier mehrere Eiablagen gleichzeitig stattfinden können.
Siehe auch Seiten 2/3 und 3/4.

**Bach und Fluss** 3

**Blauflügel-Prachtlibelle**
*Calopteryx virgo* (LINNAEUS)
Familie Prachtlibellen (*Calopterygidae*)

Flügelspannweite: 6,5–7 cm.
Verwechslungsarten: *C. splendens;* siehe diese.
Gefährdungsgrad: 3. Gefährdet.
Flugzeit: Mai bis August.
Lebensraum: Diese Art bevorzugt schmalere Bäche mit klarem Wasser und wenig Oberflächenvegetation. Beide *Calopteryx*-Arten können an einem Gewässer gemeinsam fliegen; dann pflegt eine wesentlich zahlreicher vertreten zu sein.
Verhalten: Ähnlich wie *C. splendens.*
Entwicklung: Die Larven beider *Calopteryx*-Arten halten sich in der Vegetation oder zwischen Baumwurzeln auf; ihre Entwicklung dauert etwa 10 Monate.

Paarungsrad

Paarungsrad

## Blaue Federlibelle

*Platycnemis pennipes* (PALLAS)
Familie Federlibellen (*Platycnemididae*)

Flügelspannweite: 4,5 cm.
Verwechslungsarten: Die im Mittelmeergebiet verbreitete *Pl. latipes;* diese fast weiße Art ähnelt unausgefärbten *Pl. pennipes.* Die Unterschiede werden auf S. 172 beschrieben.
Gefährdungsgrad: Nicht gefährdet.
Flugzeit: Juni bis September.
Lebensraum: Langsam fließende Gewässer, Seen mit schmaler Verlandungszone.
Verhalten: Die jungen, fast weißen Tiere wandern oft weit umher, die ausgefärbten halten sich in Gewässernähe auf. Wenn sich zwei Männchen begegnen, präsentieren sie im Flug die hellen, verbreiterten Beinschienen. Vor der Paarung werden die Schienen auch dem Weibchen gezeigt. Die Räder hängen oft in Bodennähe an der Vegetation. Während der Eiablage bleiben Männchen und Weibchen miteinander verbunden (Tandemstellung). Das Weibchen sticht die Eier in Pflanzen ein, gerne in die Blütenstiele der Gelben Teichrose (*Nuphar luteum*); das Männchen steht frei auf der Vorderbrust seiner Partnerin. Ein Untertauchen der Tiere ist unbekannt.
Entwicklung: Die Larven leben im Bodenschlamm ihrer Wohngewässer; sie überwintern als erwachsene oder fast erwachsene Tiere und schlüpfen im nächsten Jahr.

◁ Männchen, unausgefärbt

Männchen, ausgefärbt ▽

Weibchen

△ Männchen Weibchen ▷

**Vogel-Azurjungfer**
*Coenagrion ornatum* (SELYS)
Familie Schlanklibellen (*Coenagrionidae*)

Flügelspannweite: 3,5–4 cm.
Verwechslungsarten: Andere Azurjungfern, insbesondere *C. mercuriale,* die im selben Lebensraum vorkommt. Die Azurjungfern können anhand der dunklen Zeichnung auf dem Hinterleib bestimmt werden (Bild 46).
Gefährdungsgrad: 1. Vom Aussterben bedroht.
Flugzeit: Mai bis Juli.
Lebensraum: Schmale, verwachsene Wiesengräben und -bäche. Unsere Art ist gegenüber Veränderungen ihrer Wohngewässer sehr empfindlich.
Verhalten: Die Männchen halten sich in der Ufervegetation der Gräben auf, hier findet man auch die Paarungsräder. Die Eiablage erfolgt mit angekoppeltem Männchen, die Eier werden in Pflanzen eingestochen. Die Tiere können dabei ganz untertauchen.
Entwicklung: Die Larven finden sich in der Vegetation.
Anmerkungen: *C. ornatum* steht in Deutschland wohl kurz vor der Ausrottung; sie ist deshalb in ganz besonderem Maße schutzbedürftig. Vor allem sollten die notwendigen Pflegemaßnahmen (Entfernung der Vegetation aus den Gräben, Ausbaggern) nur unter größter Vorsicht, wenn irgend möglich abschnittsweise, durchgeführt werden. Vorher sollte der Rat von Fachleuten eingeholt werden.

Plaine de Focant & Gaume

Agrion de Mercure   Mercuurwaterjuffer

**Helm-Azurjungfer**
*Coenagrion mercuriale* (CHARPENTIER)
Familie Schlanklibellen (*Coenagrionidae*)

Flügelspannweite: 3–4 cm.
Verwechslungsarten: Andere Azurjungfern, insbesondere *C. ornatum,* die im selben Lebensraum vorkommt.
Gefährdungsgrad: 1. Vom Aussterben bedroht. Unsere Art ist jedoch nicht ganz so selten wie *C. ornatum.*
Flugzeit: Mai bis August.
Lebensraum: Verwachsene Wiesengräben und -bäche mit kalkhaltigem Wasser.
Verhalten: Keine Besonderheiten. Zur Eiablage bleiben die Partner verbunden; das Weibchen kann dabei völlig untertauchen, das Männchen zumeist nur mit dem Hinterleib. Die Eier werden in Pflanzen eingestochen. Die Angabe, die Eiablage würde nur in die Berle (*Sium erectum*) erfolgen, trifft nicht zu.
Entwicklung: Die Larven halten sich in der Vegetation auf; sie überwintern ein-, in klimatisch ungünstigeren Gebieten wohl auch zweimal.
Anmerkungen: Die Gattung *Coenagrion* wird vielfach, insbesondere in älteren Büchern, unter dem Namen *„Agrion"* geführt. Diese Bezeichnung ist jedoch doppeldeutig, da sie von einigen Autoren auf die Gattung *Calopteryx* bezogen wird; um diesen Namenswirrwarr zu beenden, wird *„Agrion"* nicht mehr gebraucht und allgemein durch *„Coenagrion"* ersetzt.

Weibchen

**Bileks Azurjungfer**
*Coenagrion hylas freyi* (BILEK)
Familie Schlanklibellen (*Coenagrionidae*)

Flügelspannweite: 4–5 cm.
Verwechslungsarten: Andere Azurjungfern. Die schwarzen Zeichnungselemente auf dem Hinterleib unserer Art sind jedoch seitlich zu einem fast durchgehenden, relativ breiten schwarzen Längsstreif verschmolzen. Daran ist sie von ihren Verwandten sicher zu unterscheiden (Bild 46).
Gefährdungsgrad: 0. In Deutschland verschollen.
Flugzeit: Juni bis August.
Lebensraum: Kühle, klare Weiher und Seen mit leicht bewegtem, kalkhaltigem Wasser und lockerer Vegetation; auch Mündungsbereiche von Bächen und Bergseen. Die Art scheint an den Biotop sehr hohe Ansprüche zu stellen.
Verhalten: Entspricht jenem der anderen Azurjungfern.
Entwicklung: Dauer wohl 2 Jahre.
Anmerkungen: Anfang der fünfziger Jahre wurde diese in Sibirien und Ostasien verbreitete Art durch den verstorbenen Münchener Entomologen A. BILEK am Zwingsee bei Inzell (Oberbayern) entdeckt und zunächst als neue Art („*Agrion*“ *freyi*) beschrieben. Wenige Jahre später wurde der Bestand dieser Libellenart durch Veränderung des Lebensraumes vernichtet, zurzeit ist nur ein Vorkommen in Österreich bekannt. Nach dieser Art sollte an geeigneten Stellen intensiv gesucht werden, vor allem in den Kalkalpen.

Männchen

**Kleiner Blaupfeil**
*Orthetrum coerulescens* (FABRICIUS)
Familie Segellibellen (*Libellulidae*)

Flügelspannweite: 6–7 cm.
Verwechslungsarten: *O. brunneum.* Diese Art ist kräftiger gebaut; auch die Brust des Männchens ist blau bereift, bei *O. coerulescens* dagegen meist dunkel. Die Weibchen der genannten Arten sind nur schwer, auf Fotos kaum zu unterscheiden.
Gefährdungsgrad: 2. Stark gefährdet.
Flugzeit: Ende Mai bis August.
Lebensraum: Flache, langsam fließende Bäche und Gräben sowie Hangquellmoore, die nicht einfrieren dürfen.
Verhalten: Die Männchen sitzen gerne auf Steinen oder Pflanzen. Die Paarung beginnt im Flug und wird sitzend beendet. Dann fliegen beide Tiere gemeinsam zum Wasser; die Weibchen wippen auf und nieder, wobei sie die Eier an der Wasseroberfläche abstreifen. Die Männchen fliegen in der Nähe des legenden Weibchens umher oder stehen rüttelnd über ihm; sie vertreiben andere Männchen, um Paarungsversuche zu verhindern („Eiablage mit bewachendem Männchen"). Während solcher Luftkämpfe können sie die Weibchen verlieren, die sich bald wieder paaren. Dieses Verhalten ist bei den Segellibellen verbreitet.
Entwicklung: Die Larven halten sich auf dem Grund der Gewässer in extrem flachem Wasser auf. Die Entwicklung dürfte 2 Jahre dauern.

Männchen

**Gelbe Keiljungfer**
*Gomphus simillimus* SELYS
Familie Flussjungfern (*Gomphidae*)

Flügelspannweite: 7–8 cm.
Verwechslungsarten: Andere Keiljungfern, vor allem *G. flavipes* und *G. graslinii;* die zuletzt genannte Art ist nur aus dem Mittelmeergebiet bekannt (S. 180). Die oberen Hinterleibsanhänge der Männchen von *G. graslinii* enden in zwei Spitzen. Bei *G. flavipes* sind die schwarzen Streifen auf der Vorderseite der Flügelbrust unten, selten auch oben verschmolzen. Eine Verwechslung mit *G. pulchellus* (S. 109) ist ebenfalls möglich; die schwarzen Brustzeichnungen sind bei dieser häufigeren Art jedoch deutlich schmäler (Bild 49).
Gefährdungsgrad: R. Extrem selten, mit geograf. Restriktion.
Lebensraum: Flüsse.
Flugzeit: Mai bis Juli.
Verhalten: Dieses entspricht jenem der anderen Keiljungfern. Die Männchen halten sich bevorzugt in Wassernähe auf, sie setzen sich gerne auf Steine oder auf den Boden, seltener auf Pflanzen. Die Weibchen kommen nur zur Eiablage ans Wasser. Über Paarung und Eiablage ist kaum etwas bekannt.
Entwicklung: Unbekannt, sie dürfte mehrere Jahre dauern.
Anmerkungen: Diese Art ist im Mittelmeergebiet beheimatet, sie wurde vereinzelt im äußersten Südwesten Deutschlands (Bodensee bis Hochrhein) sowie im Kanton Zürich angetroffen.

Männchen

**Asiatische Keiljungfer**
*Gomphus flavipes* (CHARPENTIER)
Familie Flussjungfern (*Gomphidae*)

Flügelspannweite: 7–8 cm.
Verwechslungsarten: Andere Keiljungfern, vor allem *G. simillimus* und *G. graslinii* (S. 180).
Gefährdungsgrad: G. Gefährdung anzunehmen, aber Status unbekannt.
Lebensraum: Breite, saubere Flüsse und Kanäle.
Flugzeit: Juli bis September.
Verhalten: Dieses entspricht dem der anderen Keiljungfern; trotz der Seltenheit unserer Art ist darüber mehr bekannt als bei der vorigen. Die erwachsenen Männchen halten sich in Ufernähe auf, Jungtiere und Weibchen meist fern vom Wasser. Die Paarung wird im Flug eingeleitet, die Räder setzen sich auf den Boden, oder sie hängen sich an niedrige Pflanzen; die Vereinigung dauert etwa 5–10 Minuten. Nach der Trennung der Partner werden die Eier vom Weibchen aus dem Flug an der Wasseroberfläche abgestreift.
Entwicklung: Unbekannt, sie dürfte mehrere Jahre dauern.
Anmerkungen: Das Hauptverbreitungsgebiet dieser Art liegt in Asien. Sie war in Deutschland fast ausgerottet; in den letzten Jahren häufen sich jedoch die Meldungen neuer Vorkommen. Auch im Osten Frankreichs kommt sie vor, hier kann man ihr am ehesten auf Reisen ins Mittelmeergebiet an großen Flüssen begegnen.

Männchen

**Gemeine Keiljungfer**
*Gomphus vulgatissimus* (LINNAEUS)
Familie Flussjungfern (*Gomphidae*)

Flügelspannweite: 6–7 cm.
Verwechslungsarten: Andere Keiljungfern; unsere Art unterscheidet sich von jenen durch ihren besonders kräftigen Körperbau.
Gefährdungsgrad: 2. Stark gefährdet.
Flugzeit: Mai bis Juli.
Lebensraum: Bäche und Flüsse, Brandungsufer von Seen.
Verhalten: Die Männchen sitzen gerne am Ufer auf Pflanzen, Steinen oder auf dem Boden. Wegen ihrer Tarnfärbung sind sie schlecht zu sehen. Die Paarung entspricht jener der anderen Flussjungfern. Vor der Eiablage setzen sich die Weibchen auf Steine oder Pflanzen, heben den Hinterleib an und pressen einen Eiklumpen aus, den sie an der Wasseroberfläche abstreifen.
Entwicklung: Die Larven graben sich tagsüber auf dem Grund ihrer Wohngewässer ein; nachts verlassen sie ihre Verstecke, wandern auf der Suche nach Beute umher und pirschen sich vorsichtig an diese an. Sie entwickeln sich nur langsam, erst nach 3–5 Jahren sind sie erwachsen.
Anmerkungen: Wie alle ihre Verwandten reagiert die Art sehr empfindlich auf Veränderungen der Wohngewässer und war deshalb sehr im Rückgang begriffen; aber ihre Populationen scheinen sich zu erholen.

Männchen

**Grüne Flussjungfer**
*Ophiogomphus cecilia* (FOURCROY)
Familie Flussjungfern (*Gomphidae*)

Flügelspannweite: 6,5–7,5 cm.
Verwechslungsarten: Andere Keiljungfern. Die grüne Grundfarbe der Brust unterscheidet unsere Art eindeutig von ihren Verwandten.
Gefährdungsgrad: 2. Stark gefährdet.
Flugzeit: Juni bis September.
Lebensraum: Rasch fließende, saubere Bäche und Flüsse mit Sandgrund und spärlicher Vegetation.
Verhalten: Die Tiere fliegen rasch und gewandt. Die geschlechtsreifen Männchen sitzen zumeist am Gewässerrand auf Steinen oder Pflanzen; dank ihrer Tarnfarbe sind sie nur schlecht zu sehen. Den Weibchen und jungen Männchen dagegen begegnet man fern vom Wasser an sandigen Waldwegen oder Waldrändern, wo sie sich bevorzugt auf den Boden setzen; sie scheinen sehr weit umherzuwandern, wie Einzelfunde viele Kilometer abseits von den Vorkommen erkennen lassen. Die Paarungsräder findet man im Gebüsch oder auf dem Boden, die Paarung soll 5–10 Minuten dauern. Die Eiablage erfolgt wie wohl bei allen Flussjungfern aus dem Flug ins Wasser.
Entwicklung: Die Larven graben sich im Gegensatz zu ihren Verwandten nicht in den Bodengrund ein. Ihre Entwicklung dauert 2–4 Jahre.

Männchen

**Kleine Zangenlibelle**
*Onychogomphus forcipatus forcipatus* (LINNAEUS)
Familie Flussjungfern (*Gomphidae*)

Flügelspannweite: 5,5–7,5 cm.
Verwechslungsarten: Andere Flussjungfern, insbesondere *O. uncatus;* das Männchen dieser Art hat am Hinterleibsende gelbe, *O. f. forcipatus* dunkle Zangen. Eine weitere Unterscheidungsmöglichkeit, insbesondere der Weibchen, bietet die Flügelbrust: Die schwarzen Binden auf der Oberseite sind bei *O. uncatus* fast gerade, der von ihnen eingeschlossene gelbe Fleck ist oben und unten offen; *O. forcipatus* dagegen hat stärker gebogene Binden, die den Fleck fast ganz umschließen (Bild 49).
Gefährdungsgrad: 2. Stark gefährdet.
Flugzeit: Mai bis August.
Lebensraum: Rasch fließende Bäche und Flüsse mit Sand- und Kiesflächen an den Ufern sowie der Uferbereich großer Seen.
Verhalten: Ähnlich dem der anderen Flussjungfern, der Flug ist rasch und gewandt. Die Männchen sind sehr ortstreu und kehren nach Störungen immer wieder zurück. Sitzende Tiere strekken an heißen Tagen ihren Hinterleib fast senkrecht empor, wohl um ihn der Sonne möglichst wenig auszusetzen und so eine Überhitzung zu vermeiden.
Entwicklung: Die Larven graben sich in den sandigen Bodengrund ihrer Gewässer ein; sie fressen nur selten, ihre Entwicklung dauert 3–5 Jahre.

Männchen

**Große Zangenlibelle**
*Onychogomphus uncatus* (CHARPENTIER)
Familie Flussjungfern (*Gomphidae*)

Flügelspannweite: 6–7,5 cm.
Verwechslungsarten: Andere Flussjungfern, insbesondere *O. forcipatus*. Die Männchen sind an ihren Hinterleibsanhängen gut zu unterscheiden; *O. f. forcipatus* hat dunkle, *O. uncatus* dagegen gelbe Zangen. Zur Unterscheidung der Weibchen dient die Zeichnung auf der Oberseite der Brust: Die schwarzen Streifen sind bei *O. forcipatus* gebogen und schließen den hellen Mittelfleck ein, während jene bei *O. uncatus* viel gerader sind (Bild 49).
Gefährdungsgrad: R. Extrem selten, mit geograf. Restriktion.
Flugzeit: Juli bis August.
Lebensraum: Bäche und Flüsse.
Verhalten: Diese südliche Art verhält sich ähnlich wie *O. forcipatus*, ist jedoch in höherem Maße temperaturabhängig; sie ist deshalb nur an warmen Tagen voll aktiv. Die Männchen halten sich an den Ufern ihrer Wohngewässer auf, sie sitzen gerne auf dem blanken Boden oder auf Steinen, auch auf solchen, die aus dem Wasser ragen. Die Art ist nicht so lebhaft wie die Kleine Zangenlibelle.
Entwicklung: Unbekannt.
Anmerkungen: Die Große Zangenlibelle ist im Mittelmeergebiet verbreitet; in Deutschland wurde sie nur am Rhein in der Umgebung von Schaffhausen (sowie im Kanton Zürich) nachgewiesen.

Männchen

**Zweigestreifte Quelljungfer**
*Cordulegaster boltonii boltonii* (DONOVAN)
Familie Quelljungfern (*Cordulegastridae*)

Flügelspannweite: 9–11 cm.
Verwechslungsarten: *C. bidentata*. *C. boltonii* trägt auf den mittleren Hinterleibsringen je ein großes und ein kleines Fleckenpaar, *C. bidentata* fehlt das kleine. Das Hinterhauptdreieck dieser Art ist schwarz, das von *C. boltonii* dagegen gelb.
Gefährdungsgrad: 3. Gefährdet.
Flugzeit: Juni bis August.
Lebensraum: Rasch fließende Bäche und Flüsse im Gebirge, seltener in der Ebene.
Verhalten: Die Männchen fliegen die Bachläufe entlang und setzen sich oft auf Pflanzen. Die Paarungsräder fliegen zumeist in die Baumkronen. Zur Eiablage suchen die Weibchen flache Wasserstellen mit Sandgrund auf. Hier tanzen sie mit senkrecht abwärts gehaltenem Hinterleib auf und ab und bohren die Eier mit Hilfe ihres langen, setzholzartig verdickten Legestachels in den Grund ein; deshalb ist dieses Organ bei alten Weibchen nicht selten beschädigt.
Entwicklung: Die Larven graben sich in den Bodengrund ein, nur Kopf und Schwanzstacheln sind zu sehen. Sie bevorzugen (unter Umständen extrem) flaches Wasser. Die Entwicklung soll 3–5 Jahre dauern.
Anmerkungen: Diese Art wird vor allem in der älteren Literatur unter dem ungültigen Namen „*C. annulatus*“ geführt.

Männchen

**Gestreifte Quelljungfer**
*Cordulegaster bidentata* (SELYS)
Familie Quelljungfern (*Cordulegastridae*)

Flügelspannweite: 9–11 cm.
Verwechslungsarten: *C. boltonii;* diese Art besitzt auf den mittleren Hinterleibsringen je ein großes und ein kleines Fleckenpaar, *C. bidentata* nur ein großes. Das Hinterhauptdreieck ist bei unserer Art schwarz, bei *C. boltonii* dagegen gelb.
Gefährdungsgrad: 2. Stark gefährdet.
Flugzeit: Juni bis August.
Lebensraum: Quellbereich rasch fließender Bäche, überrieselte Berghänge. Während man den *C. boltonii* öfter auch in der Ebene antrifft, ist unsere Art weitgehend auf das Gebirge beschränkt.
Verhalten: Unterscheidet sich nicht wesentlich von *C. boltonii,* die Art wirkt jedoch etwas schwerfälliger.
Entwicklung: Die Larven graben sich in den Bodengrund ein; nur der Kopf und die Schwanzstacheln sind zu sehen. Auf diese Weise werden Atmung und Beutefang ermöglicht. Die Entwicklung dauert 3–5 Jahre.
Folgenden Arten kann man ebenfalls an fließenden Gewässern begegnen:
*Chalcolestes viridis* (S. 92)
*Ischnura elegans* (S. 98)
*Pyrrhosoma nymphula* (S. 94)
*Cercion lindenii* (S. 108)
*Somatochlora metallica* (S. 126)
*S. flavomaculata* (S. 125)
*Libellula fulva* (S. 132)

## Tümpel, Teich und See

Ein Tümpel ist ein stehendes, wenige Dezimeter tiefes Gewässer, das nur zeitweise Wasser führt. Er ist von Landpflanzen bewachsen, die eine zeitweilige Überflutung ertragen. Als Weiher bezeichnet man flache, ständig Wasser führende Gewässer mit reichem Bewuchs an Wasserpflanzen. Seen dagegen haben Tiefwasserbereiche. Ihre verlandenden Uferzonen weisen einen den Weihern ähnlichen Charakter auf. Teiche sind künstlich angelegt, die Lebensbedingungen in ihnen können jenen von Weihern oder Seen entsprechen. Oft genug dienen sie der Fischzucht, ihr Wasser wird regelmäßig abgelassen; beides ist einer Besiedelung durch Libellen nicht förderlich. Weiher, aber auch die Verlandungszonen von Seen, weisen im natürlichen Zustand eine reiche Vegetation auf, die in Abhängigkeit von der Wassertiefe verschieden zusammengesetzt ist. Die Uferzonen haben einen Gürtel von Schilf und Rohrkolben sowie eine Röhrichtzone, auf die die Schwimmblatt- und die Tauchblattzone folgen. Auch der Bewuchs der Ufer spielt eine wesentliche Rolle für die Fauna; es ist nicht gleichgültig, ob sie frei sind oder von Büschen und Bäumen bestanden, die das Wasser beschatten. Selbstverständlich gibt es mancherlei Abweichungen, die auf die Uferform und den Untergrund zurückzuführen sind. Durch menschliche Eingriffe wird dieses Grundschema in mannigfacher Weise verändert. Die Beweidung der angrenzenden Wiesen führt dazu, dass das Schilf durch Tritt und Verbiss beeinträchtigt wird, bei stark wechselndem Wasserstand kann es völlig vernichtet werden. An seiner Stelle siedelt sich die Teichsimse an, die ebenfalls durch Verbiss zerstört werden kann; dann sind die Ufer völlig von Röhricht entblößt. Das Mähen der Wiesen verhindert ein Aufkommen von Büschen und Bäumen.

Auch das Lagern und Baden wirken sich negativ aus. Die Ufervegetation wird bis zu einer Wassertiefe von anderthalb Metern weitgehend zerstört; durch den Wellenschlag wird der Humus fortgespült, so dass ein Sand- oder Kiesstrand entsteht, der die Ansiedelung von Pflanzen kaum noch zulässt.

Rudern und Paddeln schaden nicht, solange die Boote nicht in das Schilf eindringen; anderenfalls hinterlassen sie bleibende Schneisen. Motorboote dagegen wirken auf die Röhrichtzone verheerend. Sie entwurzeln die Pflanzen; der starke Wellenschlag tut ein Übriges, um die Vegetation vollends zu zerstören. Dadurch wird nicht nur die Selbstreinigungsfähigkeit der Gewässer wesentlich beeinträchtigt, auch die Abtragung der Uferzonen wird verstärkt.

Dass vor allem die Sportangler in hohem Maß zur Veränderung und Beeinträchtigung dieser Lebensräume beitragen, etwa durch Schaffung von Schneisen in der Röhrichtzone, durch Entkrauten der Gewässer und durch übermäßigen Fischbesatz, wurde bereits erwähnt.

Stehende Gewässer beherbergen einen wesentlichen Anteil der heimischen Libellenarten. Wie aus dem Gesagten hervorgeht, bieten sie ihren Bewohnern die unterschiedlichsten Lebensbedingungen. So ist es nicht verwunderlich, dass deren An-

sprüche sehr verschieden sein können. Die Bewohner von Moorgewässern zeigen besonders interessante Anpassungen; ihnen ist ein eigener Abschnitt gewidmet.

Ein Teil der Arten ist kaum spezialisiert; ihre Larven können manchmal sogar einen gewissen Verschmutzungsgrad tolerieren. Deshalb findet man sie praktisch überall an Teichen, Tümpeln und Seen. Wegen ihrer Anpassungsfähigkeit sind sie kaum gefährdet. Gerade ihnen bieten die so beliebten Gartenteiche neue Lebensräume (S. 26 f.).

Andere Libellenarten stellen hohe Ansprüche an ihren Lebensraum, insbesondere jene, die Sümpfe oder Kleingewässer besiedeln. Da diese in unserer Kulturlandschaft keinen Platz haben, werden sie oft genug vernichtet, und mit ihnen die Libellen. Diese Arten sind in den letzten Jahren vielerorts verschwunden; die meisten von ihnen sind in ihrem Bestand bedroht und wurden in die Roten Listen aufgenommen.

Leste brun   Bruine winterjuffer   Männchen

**Gemeine Winterlibelle**
*Sympecma fusca* (VANDER LINDEN)
Familie Teichjungfern (*Lestidae*)

Flügelspannweite: 4–4,5 cm.
Verwechslungsarten: *S. paedisca*; der dunkle Mittelstreif auf der Brust dieser Art weist vorne eine kleine Ausbuchtung auf, die der Gemeinen Winterlibelle fehlt.
Gefährdungsgrad: 3. Gefährdet.
Flugzeit: Juli bis Mai.
Lebensraum: Die Ufervegetation stehender Gewässer.
Verhalten: Die Winterlibellen sind die einzigen einheimischen Arten, die als voll entwickelte Tiere überwintern. Die kalte Jahreszeit verbringen sie weit abseits vom Gewässer, Kälteperioden überdauern sie in Schlupfwinkeln oder frei sitzend in der Vegetation verborgen. Die Sonne kann sie aus ihren Verstecken hervorlocken; dann trifft man an geschützten Stellen vereinzelt fliegende Tiere an. Anfang April kehren sie ans Wasser zurück. Sie sitzen oft an Pflanzenstängel gepresst in der Sonne, wobei sie im Gegensatz zu den anderen Teichjungfern die Flügel über dem Rücken zusammenklappen. Die Eier werden vom Tandem in schwimmende Pflanzenreste eingestochen, wobei auch die Männchen auf der Unterlage sitzen; selten legen die Weibchen allein.
Entwicklung: Die Larven sind rund drei Monate nach der Eiablage schlupfreif. Sie halten sich auf dem Gewässergrund oder an Wasserpflanzen auf.
Siehe auch Bilder 12, 13, 28.

Männchen

**Sibirische Winterlibelle**
*Sympecma paedisca* (BRAUER)
Familie Teichjungfern (*Lestidae*)

*Sympecma fusca* *Sympecma paedisca*

Flügelbrust, Seitenansicht

Flügelspannweite: 4–4,5 cm.
Verwechslungsarten: *S. fusca* (s. diese). Die Bauchseite ist bei unserer Art etwas dunkler als bei der Schwesterart.
Gefährdungsgrad: 2. Stark gefährdet.
Flugzeit: Juli bis Mai.
Lebensraum: Stark verwachsene stehende Gewässer.
Verhalten: Diese Art ist in Asien weit verbreitet, sie dürfte an der Rhone ihre Westgrenze erreichen. In Deutschland ist sie nur an wenigen Orten anzutreffen. Soweit bekannt, entspricht ihr Verhalten dem von *S. fusca*.
Entwicklung: Darüber ist nichts bekannt, sie gleicht vermutlich jener von *S. fusca*.

Männchen

**Gemeine Binsenjungfer**
*Lestes sponsa* (HANSEMANN)
Familie Teichjungfern (*Lestidae*)

Flügelspannweite: 4–4,5 cm.
Verwechslungsarten: Andere Teichjungfern, insbesondere *L. dryas*; das Flügelmal ist bei dieser Art und bei *L. sponsa* fast schwarz, bei allen anderen Arten heller. Die ausgefärbten Männchen sind an der Blaubereifung der Hinterleibsbasis zu unterscheiden, die bei *L. sponsa* das Ende des zweiten Ringes erreicht, bei *L. dryas* nicht. Die unteren Hinterleibsanhänge sind bei beiden etwa so lang wie die oberen, bei den anderen Arten dagegen viel kürzer. Bei der kräftiger gebauten *L. dryas* sind sie zum Ende hin stark verbreitert, bei *L. sponsa* dagegen etwas schmaler als an der Basis. Zur Unterscheidung der Weibchen kann der dunkle Fleck auf dem Rücken des ersten Hinterleibsringes dienen; bei *L. sponsa* ist er vorne abgerundet, bei *L. dryas* eckig (Bild 48).
Gefährdungsgrad: Nicht gefährdet.
Flugzeit: Juni bis September.
Lebensraum: Binsenbestände stehender Gewässer; in Moorgewässern oft sehr zahlreich.
Verhalten: Entspricht dem von *L. dryas*; siehe diese.
Entwicklung: Die Eier überwintern. Die Larven schlüpfen im April, sie halten sich an Wasserpflanzen in der Nähe des Ufers auf. Im selben Sommer schlüpfen die Libellen.
Siehe auch Bild 28.

Männchen

**Glänzende Binsenjungfer**
*Lestes dryas* KIRBY
Familie Teichjungfern (*Lestidae*)

Flügelspannweite: ca. 5 cm.
Verwechslungsarten: Andere Binsenjungfern, insbesondere die etwas kleinere und schlankere *L. sponsa*; die Unterschiede wurden bei dieser Art beschrieben. Die Weibchen beider Arten können auch am Legestachel unterschieden werden, der bei *L. dryas* das Hinterleibsende etwas überragt; bei *L. sponsa* erreicht er es nicht (Bild 48).
Gefährdungsgrad: 3. Gefährdet.
Flugzeit: Juni bis September.
Lebensraum: Die Binsenbestände stehender Gewässer; in Moorgewässern oft zusammen mit *L. sponsa* recht zahlreich.
Verhalten: Dieses ist bei *L. sponsa* und *L. dryas* sehr ähnlich. Die Tiere sitzen oft an senkrechten Unterlagen; da findet man auch die Paarungsräder. Die Eiablage erfolgt in senkrecht aus dem Wasser ragende Pflanzenteile wie die Blätter von Binsen; das Männchen bleibt mit dem Weibchen verbunden, nur ganz ausnahmsweise sieht man allein legende Weibchen. Das Einstechen der Eier beginnt über Wasser; die Tiere klettern abwärts, bis sie unter dem Wasserspiegel verschwinden. Unter Wasser wird das Einstechen der Eier längere Zeit fortgesetzt.
Entwicklung: Diese läuft ebenso schnell ab wie bei *L. sponsa*; in Südeuropa soll die Art in zwei Generationen fliegen.

Männchen

**Kleine Binsenjungfer**
*Lestes virens vestalis* RAMBUR
Familie Teichjungfern (*Lestidae*)

Flügelspannweite: 3,5–4 cm.
Verwechslungsarten: Andere Binsenjungfern; das Flügelmal unserer Art ist wie jenes von *Chalcolestes viridis* gelblich, diese Art fällt durch ihre Größe und das Fehlen jeglicher Wachsbereifung auf. *L. virens* ist auffallend klein, die Bereifung der Hinterleibsbasis der Männchen ist oft nur wenig ausgeprägt.
Gefährdungsgrad: 2. Stark gefährdet.
Flugzeit: Juli bis Oktober; die Kleine Binsenjungfer fliegt im Spätherbst oft als letzte Art des Jahres.
Lebensraum: Die Binsenvegetation an den Ufern stehender Gewässer, auch in Moorgewässern.
Verhalten: Entspricht dem der anderen Binsenjungfern (siehe *L. dryas,* S. 89). Die Paare der Kleinen Binsenjungfer scheinen bei der Eiablage jedoch nicht unterzutauchen.
Entwicklung: Benötigt ausgeprägte Verlandungszonen.
Anmerkungen: Die Binsenjungfern, v. a. die Weibchen, sind anhand von Fotos oft nicht leicht zu bestimmen. Das sollte bei der Aufnahme beachtet werden; bei den Männchen sind Großaufnahmen der Vorderpartie (Wachsbereifung an der Hinterleibsbasis) und der Hinterleibsanhänge (von oben) angezeigt, bei den Weibchen die entsprechenden Bereiche in Seitenansicht.

Männchen

## Südliche Binsenjungfer
*Lestes barbarus* (FABRICIUS)
Familie Teichjungfern (*Lestidae*)

Flügelspannweite: 4,5–5 cm.
Verwechslungsarten: Andere Binsenjungfern. Das zweifarbige Flügelmal (innen braun, außen weiß) unterscheidet unsere Art jedoch eindeutig von jenen.
Gefährdungsgrad: 2. Stark gefährdet.
Flugzeit: Juni bis September.
Lebensraum: Die Binsenvegetation an den Ufern stehender Gewässer; sumpfige, stark verwachsene Kleingewässer. In Südeuropa werden sogar brackige Gewässer in Meeresnähe angenommen.
Verhalten: Dieses entspricht weitgehend jenem der anderen Binsenjungfern. Bei dieser Art und bei *L. virens* scheint die Eiablage ohne Begleitung durch das Männchen häufiger vorzukommen.
Entwicklung: Hierüber scheint nichts bekannt zu sein.
Anmerkung: Wie *L. virens* ist auch *L. barbarus* eine südliche Art. Im Gegensatz zu jener ist ihr Auftreten jedoch sehr sporadisch.

**Dunkle Binsenjungfer**
*Lestes macrostigma* (EVERSMANN)
Diese Libelle wurde gelegentlich in Deutschland beobachtet; sie ist düster gefärbt, ihr Flügelmal steht über 3 Zellen. Ihr Hauptverbreitungsgebiet ist Süd- und Westeuropa (Beschreibung siehe S. 178).

△ Männchen Eiablage ▷

**Weidenjungfer**
*Chalcolestes viridis* (VANDER LINDEN)
Familie Teichjungfern (*Lestidae*)

Flügelspannweite: 5–6 cm.
Verwechslungsarten: *Lestes*-Arten; unsere Art fällt durch ihre Größe, durch das weitgehende Fehlen einer Wachsbereifung bei adulten Männchen sowie durch ihr abweichendes Verhalten auf.
Gefährdungsgrad: Nicht gefährdet.
Flugzeit: Juli bis Oktober.
Lebensraum: Büsche (meist Weiden) an den Ufern stehender, selten fließender Gewässer.
Verhalten: Man trifft die Tiere besonders zahlreich in Weidenbüschen an den Ufern von Teichen und Seen. Die Eiablage erfolgt in Tandemstellung in die Rinde von Zweigen, bevorzugt in solche, die über das Wasser hängen. Gegen Abend, wenn die Aktivität der Männchen abklingt, legen die Weibchen allein weiter.
Entwicklung: Die Eier überwintern; die Prolarven lassen sich fallen, häuten sich auf der Wasseroberfläche und durchstoßen diese. Fallen sie auf den Boden, dann versuchen sie, das Wasser springend zu erreichen.
Siehe auch Bilder 25 und 26.
**Chalcolestes parvidens** (ARTOBOLEVSKIJ) wird auch als Unterart aufgefasst; sie ist in Italien und nach Osten hin verbreitet. Beide „Arten“ sind anhand der Hinterleibsanhänge der Männchen zu unterscheiden. Auch die Gattung *Chalcolestes* wird von einigen Autoren als Untergattung zu *Lestes* gestellt.

Tandem

## Frühe Adonislibelle
*Pyrrhosoma nymphula* (SULZER)
Familie Schlanklibellen (*Coenagrionidae*)

Flügelspannweite: 4,5 cm.
Verwechslungsarten: *Ceriagrion tenellum*; diese Art hat rote, *P. nymphula* schwarze Beine.
Gefährdungsgrad: Nicht gefährdet.
Flugzeit: Mai bis August.
Lebensraum: Die Ufervegetation stehender und langsam fließender Gewässer, auch in Hang- und Quellmooren.
Verhalten: Die Frühe Adonislibelle zählt zu den ersten Frühjahrsarten. Trotz der leuchtenden Rotfärbung sind die Tiere schlecht zu sehen. Sie halten sich hauptsächlich in der Vegetation auf und meiden das offene Wasser. Die Paarung bietet keine Besonderheiten, sie kann bereits sehr früh am Morgen stattfinden. Die Eier werden vom Weibchen in Tandemstellung in Pflanzen eingestochen, seltener auch allein; das Männchen steht frei auf der Brust des Weibchens oder es klammert sich an der Unterlage fest. Die Paare können untertauchen.
Entwicklung: Die jungen Libellenlarven halten sich in der Vegetation auf, ältere mehr auf dem Grund der Wohngewässer. Die Entwicklungsdauer kann zwischen einem und drei Jahren schwanken.
Anmerkungen: Der Name dieser Art bezieht sich auf die leuchtend roten Blüten des Adonisröschens (*Adonis aestivalis*).
Siehe auch Bild 14.

Tandem

**Scharlachlibelle**
*Ceriagrion tenellum* (DE VILLERS)
Familie Schlanklibellen (*Coenagrionidae*)

Flügelspannweite: 4–4,5 cm.
Verwechslungsarten: *Pyrrhosoma nymphula*; die Beine unserer Art sind rot, die von *P. nymphula* schwarz.
Gefährdungsgrad: 1. Vom Aussterben bedroht.
Flugzeit: Juni bis August.
Lebensraum: An stehenden Gewässern aller Art, in Südeuropa auch an Flüssen. Bei uns scheint sie flaches Wasser zu bevorzugen, das von der Sonne stark erwärmt wird.
Verhalten: Die Paarung bietet keine Besonderheiten, sie dauert etwa 40 Minuten. Die Eiablage erfolgt in Tandemstellung in aufrecht stehende oder schwimmende Pflanzenteile, das Männchen steht frei auf der Brust des Weibchens oder sitzt auf der Unterlage. Ein Untertauchen der Tiere ist nicht bekannt.
Entwicklung: Die Larven leben zwischen Schwimmpflanzen oder Torfmoosen; in England dauert die Entwicklung zwei, in warmen Gegenden nur ein Jahr.
Anmerkungen: Die Weibchen treten in den folgenden drei Farbformen auf:
1. Färbung wie das Männchen.
2. Die Enden der Hinterleibsringe sind dunkel.
3. Ring 1–3 sind vorne rot, hinten dunkel, die Ringe 4–8 sind dunkel mit hellen Basisringen, Ring 9 ist rot mit schwarzer Zeichnung, Ring 10 ist rot.

Männchen

**Großes Granatauge**
*Erythromma najas* (HANSEMANN)
Familie Schlanklibellen (*Coenagrionidae*)

Flügelspannweite: 4,5–5 cm.
Verwechslungsarten: *E. viridulum*; die Männchen dieser etwas kleineren und schlankeren Art tragen auf dem 10. Hinterleibsring eine schwarze X-Zeichnung. *Ischnura*-Arten, *Coenagrion armatum*; die Augen der Männchen dieser Arten sind nicht rot gefärbt.
Gefährdungsgrad: V. Art der Vorwarnliste.
Flugzeit: Mai bis August.
Lebensraum: Die Schwimmblattzone von größeren Teichen und Seen.
Verhalten: Die Männchen sitzen gerne auf den Schwimmblättern der See- und Teichrosen. Die Paarung wird durch einen Flugtanz eingeleitet, man findet die Räder in der Ufervegetation oder im Gebüsch. Die Eiablage erfolgt in Tandemstellung, beide Partner sitzen dazu auf der Unterlage. Die Tiere können völlig untertauchen; die Männchen lösen sich aber bald von den Weibchen, schwimmen auf und warten sitzend in der Nähe, bis ihre Partnerinnen wieder erscheinen; sie verankern sich erneut an ihnen, die Paare suchen sodann einen neuen geeigneten Eiablageplatz auf.
Entwicklung: Die Larven leben an Wasserpflanzen, teilweise auch im Riedsaum; sie überwintern halb erwachsen und schlüpfen im nächsten Jahr.

Männchen

**Kleines Granatauge**
*Erythromma viridulum* (CHARPENTIER)
Familie Schlanklibellen (*Coenagrionidae*)

Flügelspannweite: 3,5–4 cm.
Verwechslungsarten: *E. najas*; dem 10. Hinterleibsring der Männchen fehlt die X-förmige schwarze Zeichnung. *Ischnura*-Arten, *Coenagrion armatum*; die Männchen haben keine roten Augen.
Gefährdungsgrad: In der Roten Liste nicht aufgeführt; im Südwesten kaum, in anderen Gebieten wohl gefährdet.
Flugzeit: Juni bis September.
Lebensraum: Die Schwimmblattzone größerer Teiche und Seen, seltener an Kleingewässern.
Verhalten: Die Männchen halten sich zumeist in einiger Entfernung vom Ufer auf, nur bei starkem Wind suchen sie in der Ufervegetation Schutz. Sie sitzen gerne auf Schwimmblättern oder auf Stängeln nahe der Wasseroberfläche, zur Paarung fliegen sie meist ans Ufer. Die Weibchen halten sich gerne auf Büschen in Gewässernähe auf. Bei der Eiablage, die in schwimmende Pflanzenteile erfolgt, kann das Männchen auf der Pflanze sitzen oder frei auf der Brust des Weibchens stehen. Findet dieses keinen Halt, wird es vom sitzenden Männchen gehalten. Ein Untertauchen ist nicht bekannt.
Entwicklung: Die Larven leben an Wasserpflanzen.
Anmerkungen: Diese Art ist im Mittelmeergebiet weit verbreitet und an stehenden Gewässern meist häufig. Siehe auch Bild 31.

agrion élégant - Lantaarntje

**Große Pechlibelle**
*Ischnura elegans* (VANDER LINDEN)
Familie Schlanklibellen (*Coenagrionidae*)

Flügelspannweite: 3,5–4 cm.
Verwechslungsarten: *I. pumilio*: Bei den Männchen von *I. elegans* ist der 8. Hinterleibsring blau, bei *I. pumilio* das letzte Drittel des 8. und der 9. Rings. *Erythromma*-Arten: Die Männchen haben rote Augen. *Coenagrion armatum*: Die Hinterleibsanhänge der Männchen sind sehr groß.
Gefährdungsgrad: Nicht gefährdet.
Flugzeit: Mai bis September.
Lebensraum: Stehende und langsam fließende Gewässer aller Art, auch Gartenteiche.
Verhalten: Die Männchen halten sich in der Nähe des Wasserspiegels in der Vegetation auf. Die Paarung kann mehrere Stunden dauern. Das Weibchen sticht die Eier ohne Begleitung durch das Männchen in Pflanzen ein, es kann völlig untertauchen.
Entwicklung: Die Larven halten sich in der Vegetation ihrer Wohngewässer auf. Sie entwickeln sich schnell, so dass in warmen Gebieten 2–3 Generationen pro Jahr auftreten können.
Anmerkungen: Die Weibchen treten in zahlreichen Farbformen auf, von denen zwei abgebildet sind; dabei handelt es sich zum Teil um Ausfärbungsstadien. Die hellen Anteile reifer Weibchen können blau sein wie bei den Männchen oder sie sind dunkel oliv verdüstert. Siehe auch Bilder 5, 11, 23, 27, 30, 39–42.

◁ Männchen

Weibchen, unausgefärbt ▽

altes Weibchen

**Kleine Pechlibelle**
*Ischnura pumilio* (CHARPENTIER)
Familie Schlanklibellen (*Coenagrionidae*)

Flügelspannweite: 3–3,5 cm.
Verwechslungsarten: *I. elegans* (s. diese), eventuell auch *Nehalennia speciosa*; die dunklen Zeichnungselemente dieser winzigen Art sind jedoch metallisch grün. Die Flügelmale der *Ischnura*-Männchen sind zweifarbig (innen schwarz, außen weiß).
Gefährdungsgrad: 3. Gefährdet.
Flugzeit: Mai bis September.
Lebensraum: Stark verwachsene Kleingewässer. Die Art wurde auch als Erstbesiedler an neu entstandenen Lehmtümpeln und Kiesgruben festgestellt, hier pflegt sie nach wenigen Jahren zu verschwinden. Vermutlich wandern Einzeltiere, wobei große Entfernungen zurückgelegt werden. Auf Vorkommen dieser Art wird man oft durch die jungen Weibchen aufmerksam (s. unten).
Verhalten: Wie *I. elegans*.
Entwicklung: Die Larven halten sich in der Vegetation auf. Die Libellen schlüpfen ein Jahr nach der Eiablage, in warmen Gegenden können wohl auch zwei Generationen zur Entwicklung kommen.
Anmerkungen: Die Weibchen treten in ähnlichen Farbformen auf wie jene von *I. elegans*. Besonders auffällig sind die jungen, orangerot gefärbten Tiere, die sich bereits paaren können. Nach einigen Tagen verliert sich diese Farbe. Vereinzelt wurden ganz blaue Weibchen beobachtet.

1

Männchen

**Zwerglibelle**
*Nehalennia speciosa* (CHARPENTIER)
Familie Schlanklibellen (*Coenagrionidae*)

Flügelspannweite: 2,5–3 cm.
Verwechslungsarten: Wegen der Winzigkeit der Tiere kommt allenfalls die Kleine Pechlibelle in Frage; die dunklen Zeichnungen unserer Art sind metallisch grün, nicht schwarz wie bei jener; die Tiere erinnern deswegen ein wenig an Binsenjungfern. Auch ist das Flügelmal der Männchen nicht schwarz-weiß wie bei den Pechlibellen, sondern einfarbig dunkel.
Gefährdungsgrad: 1. Vom Aussterben bedroht.
Flugzeit: Juni bis Juli.
Lebensraum: Großseggenrieder, Seggen-Schwingrasen, Flachmoore, auch flutendes Torfmoos oder ähnliche Biotope.
Verhalten: Die Tiere halten sich sehr versteckt in der Vegetation auf. Die Paarung dauert etwa drei Stunden; ihr geht ein Werbetanz voraus, sie wird oft vom Männchen durch heftige Schläge des Hinterleibes beendet. Die Eiablage wird, ähnlich wie bei den Pechlibellen, vom Weibchen allein vollzogen, sie erfolgt bevorzugt in Seggen. Ein Untertauchen ist nicht bekannt.
Entwicklung: Unbekannt.
Anmerkungen: Diese Tiere sind wegen ihrer Winzigkeit nur schwer zu entdecken, sie werden deshalb sicherlich mancherorts übersehen. Deshalb sollte an geeigneten Stellen nach dieser seltenen Art gesucht werden.

Männchen

Weibchen

**Hauben-Azurjungfer**
*Coenagrion armatum* (CHARPENTIER)
Familie Schlanklibellen (*Coenagrionidae*)

Flügelspannweite: 3,6–4,4 cm.
Verwechslungsarten: Vor allem *Ischnura*- und *Erythromma*-Arten, allenfalls auch *Nehalennia speciosa*. Bei der letzteren sind die dunklen Körperzeichnungen metallisch grün, *Erythromma*-Männchen fallen durch ihre roten Augen auf. Beim *armatum*-Männchen ist der 8. sowie der Vorderrand des 9. Hinterleibsringes blau; bei *Ischnura elegans* ist nur der 8. Ring blau, bei *I. pumilio* dessen Hinterrand und der 9. Ring. Die Männchen unserer Art haben auffallend große Hinterleibsanhänge; die Eiablage erfolgt in Tandemstellung (vgl. *Ischnura*!).
Gefährdungsgrad: 1. Vom Aussterben bedroht.
Flugzeit: Mai bis Juni.
Lebensraum: Moore und Seggensümpfe Nordeuropas. In Norddeutschland ist diese Art in den letzten Jahren fast ganz verschwunden.
Verhalten: Die Tiere fliegen dicht über der Vegetation, sie ruhen gerne an Schachtelhalmen. Die Paarung erfolgt nach einem kurzen Werbetanz des Männchens, das auch während der Eiablage mit dem Weibchen verbunden bleibt. Die Eier werden in schwimmende Wasserpflanzen eingestochen; ein Untertauchen ist nicht bekannt.
Entwicklung: Wegen der Seltenheit dieser nordischen Art ist hierüber nichts bekannt.

Agrion jouvencelle – Azuurwaterjuffer

Tandem

**Hufeisen-Azurjungfer**
*Coenagrion puella* (LINNAEUS)
Familie Schlanklibellen (*Coenagrionidae*)

Flügelspannweite: 4–5 cm.
Verwechslungsarten: Andere Azurjungfern, insbesondere *C. pulchellum,* die im selben Lebensraum vorkommt. Die Azurjungfern können an der schwarzen Zeichnung des Hinterleibes bestimmt werden (Bild 46).
Gefährdungsgrad: Nicht gefährdet.
Flugzeit: Mai bis August.
Lebensraum: Stehende Gewässer aller Art, auch größere Gartenteiche; fehlt an Mooren.
Verhalten: Die Männchen halten sich in der Ufervegetation auf; hier findet man auch die Paarungsräder. Die Eiablage erfolgt meist in Tandemstellung, wobei das Männchen frei auf der Brust des Weibchens stehen oder auf der Unterlage sitzen kann; Letzteres wird bei starkem Wind bevorzugt. Ein Untertauchen ist nicht bekannt. Nicht selten fliegen die Männchen ruhende Tandems an; die Weibchen reagieren darauf durch Anheben ihres Hinterleibes, den sie abwärts biegen, als wollten sie Eier legen.
Entwicklung: Junglarven halten sich an der Unterseite von Schwimmblättern auf, die älteren auf dem Grund des Gewässers oder zwischen Pflanzen. Sie überwintern einmal.
Anmerkungen: Weibchen in zwei Farbformen: helle Körperzeichnung gelblichgrün oder (seltener) blau. Siehe auch Bilder 15 und 27.

Paarungsrad

**Fledermaus-Azurjungfer**
*Coenagrion pulchellum* (VANDER LINDEN)
Familie Schlanklibellen (*Coenagrionidae*)

Flügelspannweite: 4–5 cm.
Verwechslungsarten: Andere Azurjungfern, insbesondere *C. puella,* die im selben Lebensraum vorkommt (vgl. Bild 46).
Gefährdungsgrad: 3. Gefährdet.
Flugzeit: Mai bis Juli.
Lebensraum: Tiefere stehende Gewässer aller Art mit Seerosen und anderen Schwimmpflanzen.
Verhalten: Die Männchen halten sich in der Ufervegetation auf, morgens oder bei kühlem Wetter sonnen sie sich gerne auf größeren Blättern; dabei halten sie, wie auch viele andere Schlanklibellen, die Flügel leicht gespreizt. Die Weibchen können zur Eiablage untertauchen, die Männchen folgen ihnen nur selten.
Entwicklung: Die Larven halten sich zwischen abgestorbenen Pflanzenresten auf. Sie überwintern einmal.
Anmerkungen: Die Weibchen treten in zwei Formen auf, mit blauen oder (seltener) grünen Flecken auf dem Hinterleib.

**Gabel-Azurjungfer**
*Coenagrion scitulum* (RAMBUR)
Diese südliche Art wurde vereinzelt in Deutschland festgestellt. Sie ist im Mittelmeergebiet verbreitet, jedoch recht selten (S. 175).
Verwechslungsarten: *C. caerulescens* (S. 174).
Entwicklung: Hierüber ist nichts bekannt.

## Gemeine Becherjungfer

*Enallagma cyathigerum* (CHARPENTIER)
Familie Schlanklibellen (*Coenagrionidae*)

Flügelspannweite: 4–4,5 cm.
Verwechslungsarten: Andere Azurjungfern (vgl. Bild 46).
Gefährdungsgrad: Nicht gefährdet.
Flugzeit: Mai bis September.
Lebensraum: Stehende Gewässer mit Schwimmpflanzen oder Algenrasen, auch Moorseen.
Verhalten: Die Männchen sitzen gerne in fast waagerechter Haltung an senkrechten Stängeln dicht über der Wasseroberfläche, sie halten sich bevorzugt an der dem Ufer abgewandten Seite der Vegetation auf. Die Paarung bietet wie bei allen Azurjungfern keine Besonderheiten, die Räder fliegen ans Ufer. Während der Eiablage, die anfangs in Tandemstellung erfolgt, gehen die Weibchen oft unter Wasser; die Männchen koppeln sich nach kurzer Zeit ab, schwimmen auf und erwarten das Wiederauftauchen der Weibchen, die von neuem ergriffen und zu einem anderen Ablageplatz gebracht werden.
Entwicklung: Die Larven halten sich an Wasserpflanzen oder im Schlamm des Gewässerbodens auf. Sie überwintern ein- oder zweimal.
Anmerkungen: Die Weibchen treten in drei Farbformen auf, deren Grundfarbe blau, grünlich oder oliv ist. An manchen Gebirgsseen sind die dunklen Zeichnungen der Männchen ausgedehnter. Siehe auch Bild 21.

◁ Männchen blaues Weibchen

 Paarungsrad, Weibchen graugrün

Männchen

## Pokal-Azurjungfer

*Cercion lindenii* (SELYS)
Familie Schlanklibellen (*Coenagrionidae*)

Flügelspannweite: 3,5–4 cm.
Verwechslungsarten: Andere Azurjungfern (vgl. Bild 46).
Gefährdungsgrad: Vermehrungsgast, in der Roten Liste jedoch nicht aufgeführt; die Art ist im Südwesten Deutschlands, vor allem in der Rheinebene, stellenweise bodenständig und stark gefährdet.
Flugzeit: Juni bis August.
Lebensraum: Die Uferzone stehender und langsam fließender Gewässer.
Verhalten: Die Männchen verteidigen Reviere nahe dem Ufer. Das Begattungsorgan wird nach Ergreifen des Weibchens im Fluge oder erst nach dem Absitzen des Tandems aufgefüllt. Die Paarung erfolgt wie üblich, die Eiablage beginnt in Tandemstellung. Die Männchen lösen sich nach einiger Zeit von den untertauchenden Weibchen und erwarten sie fliegend, um sie nach dem Auftauchen erneut zu ergreifen und einen neuen Ablageplatz aufzusuchen. Die Eier werden in Wasserpflanzen eingestochen.
Entwicklung: Die Larven halten sich an Wasserpflanzen auf.
Anmerkungen: Wird von einigen Autoren zu der Gattung *Coenagrion* gerechnet; die Larven gleichen jedoch völlig jenen der Granataugen (*Erythromma*, S. 96, 97); richtiger wäre es somit, sie in diese Gattung zu stellen.

Männchen

**Westliche Keiljungfer**
*Gomphus pulchellus* SELYS
Familie Flußjungfern (*Gomphidae*)

Flügelspannweite: 6–7 cm.
Verwechslungsarten: Andere Keiljungfern, vor allem *G. simillimus* (S. 76), eine Art des Mittelmeergebietes, die bisher nur vereinzelt im äußersten Südwesten Deutschlands beobachtet wurde. Die dunklen Linien auf der Brust unserer Art sind schmäler als bei ihren Verwandten (Bild 49).
Gefährdungsgrad: V. Art der Vorwarnliste.
Flugzeit: Mai bis Juli.
Lebensraum: Große Seen und Teiche, Flüsse und Kanäle.
Verhalten: Wie alle Flussjungfern wandert auch diese Art weit umher, man trifft die Tiere deshalb oft fernab von ihren Wohngewässern. Sie sitzen gerne auf dem Boden; ihr Flug ist wellenförmig. Dank ihrer Färbung sind die Tiere hervorragend getarnt und schlecht zu sehen, auch im Flug verliert man sie leicht aus den Augen. Die Paarungsräder hängen an Pflanzen. Das sitzende Weibchen presst einen Eiklumpen aus und streift ihn an einer geeigneten Stelle ab.
Entwicklung: Die Larven graben sich in den Bodengrund ein, nachts gehen sie auf Beutefang. Die Dauer des Larvenlebens wird auf 4–5 Jahre geschätzt.
Anmerkungen: Diese Art, die im Südwesten Deutschlands verbreitet ist, weitet ihr Areal gegenwärtig nach Norden und Osten aus. Siehe auch Bild 44.

△ Männchen Paarungsrad ▷

**Schilfjäger**
*Brachytron pratense* (MÜLLER)
Familie Edellibellen (*Aeshnidae*)

Flügelspannweite: 7–8 cm.
Verwechslungsarten: Allenfalls *Aeshna mixta* und *Ae. affinis*, die jedoch im Sommer und Herbst fliegen. Die Brustseiten unserer Art sind grün mit schwarzen Streifen, *Ae. mixta* dagegen hat eine braune Brust mit breiten, gelblichen Seitenbinden.
Gefährdungsgrad: 3. Gefährdet.
Flugzeit: Mai bis Juli.
Lebensraum: Stehende Gewässer.
Verhalten: Diese Art wird leicht übersehen. Die Männchen suchen im Tiefflug zwischen der Vegetation nach Eier legenden Weibchen, sie setzen sich nicht selten an Pflanzen. Die Paarungsräder sitzen oft in Bodennähe. Die Eier werden in schwimmende Pflanzenteile eingestochen.
Entwicklung: Die Larven leben in der Vegetation. Sie wachsen nur langsam und überwintern dreimal, das letzte Mal voll erwachsen. Bei Berührung stellen sie sich tot.
Anmerkungen: Diese Art wird oft unter dem Namen „*Brachytron hafniense* (MÜLLER)“ geführt. Bei der Erstbeschreibung im Jahr 1764 wurde das Weibchen „*Libellula hafniensis*“, das Männchen auf der nächsten Seite „*Libellula pratensis*“ benannt. Die Verwirrung wäre geringer, wenn sich alle Autoren an die von Fachleuten als richtig anerkannten Namen halten würden.

Männchen

**Braune Mosaikjungfer**
*Aeshna grandis* (LINNAEUS)
Familie Edellibellen (*Aeshnidae*)

Flügelspannweite: 9,5–10,5 cm.
Verwechslungsarten: Allenfalls *Ae. isosceles*, eine Frühjahrsart; diese hat farblose, *Ae. grandis* dagegen braun getönte Flügel. Die Augen der Ersteren sind grün, die der Letzteren braun. *Ae. isosceles* trägt auf dem Rücken des 2. Hinterleibsringes einen gelben, keilförmigen Fleck.
Gefährdungsgrad: V. Art der Vorwarnliste.
Flugzeit: Juli bis September.
Lebensraum: Teiche und Seen.
Verhalten: Die Männchen fliegen in einiger Höhe über dem Wasser auf und ab, wobei sie oft ohne Flügelschlag größere Strecken im Gleitflug zurücklegen. Man muss genau beobachten, um festzustellen, dass sie sich tagsüber nicht allzu selten in Bodennähe auf Stängeln oder Zweigen absetzen; in den späten Nachmittagsstunden sonnen sie sich gerne an Baumstämmen, ein Verhalten, das sie mit anderen Arten dieser Gattung teilen. Die Paarung wird am Wasser eingeleitet und endet zumeist in Bodennähe an Zweigen; die Eier werden vom Weibchen in schwimmende, abgestorbene Pflanzenteile eingestochen.
Entwicklung: Die Eier überwintern; die gesamte Entwicklung dauert 2–3 Jahre. Die Larven sind träge, sie verbergen sich an dunklen Orten zwischen den Pflanzen.

Männchen

**Keilfleck-Mosaikjungfer**
*Aeshna isosceles* (MÜLLER)
Familie Edellibellen (*Aeshnidae*)

Flügelspannweite: 8,5–9,5 cm.
Verwechslungsarten: Allenfalls *Ae. grandis*; siehe diese.
Gefährdungsgrad: 2. Stark gefährdet.
Flugzeit: Mai bis Juni.
Lebensraum: Schilfgürtel stehender Gewässer der Ebene.
Verhalten: Diese südliche Art ist sehr wärmeliebend. Die Männchen halten sich bevorzugt in Schilfbuchten auf und setzen sich gerne an die dem Wasser zugewandte Seite der Pflanzen; im Gegensatz zu ihren Verwandten ruhen sie oft und lange. Die Weibchen suchen das Wasser nur zur Eiablage auf; hier beginnt auch die Paarung, die zumeist in den Baumkronen endet. Die Eier werden in schwimmende Pflanzenteile eingestochen.
Entwicklung: Die Larven schlüpfen etwa sechs Wochen nach der Eiablage, sie überwintern ein- oder zweimal.
Anmerkungen: Diese Art passt nicht so recht in die Gattung *Aeshna*. Deswegen wird sie von manchen Autoren zu der Gattung *Anaciaeschna* gestellt, die in Asien verbreitet ist; doch fügt sich die Keilfleck-Mosaikjungfer dort ebenso wenig ein. Somit ist es besser, sie bei *Aeshna* zu lassen, als das System der europäischen Libellen durch Einführen einer weiteren Gattung zu belasten, insbesondere, wenn dies auch keine Klarheit bringt.

**Blaugrüne Mosaikjungfer**
*Aeshna cyanea* (MÜLLER)
Familie Edellibellen (*Aeshnidae*)

Flügelspannweite: 9,5–11 cm.
Verwechslungsarten: Die ausgefärbten Männchen sind dank der typischen Brustzeichnung (die Oberseite trägt ein Paar großer, ovaler, grüner Flecken) und der grünen Flecken auf der Rückenseite der Hinterleibsringe 1–7 nicht zu verwechseln; unausgefärbte Tiere, deren Flecken noch blau sind, können für die Torf-Mosaikjungfer (*Ae. juncea*) gehalten werden.
Gefährdungsgrad: Nicht gefährdet.
Flugzeit: Juli bis Oktober.
Lebensraum: Stehende Gewässer aller Art, auch Gartenteiche.
Verhalten: Die Männchen fliegen auf der Suche nach Eier legenden Weibchen die Ufer ab, wobei sie oft rüttelnd in der Luft stehen. Die Paarung beginnt am Wasser und endet in den Baumkronen. Die Eiablage erfolgt in Treibholz, Baumstämme oder in den Boden am Ufer, meist oberhalb des Wasserspiegels. Am Spätnachmittag setzen sich die Tiere in Bodennähe an Pflanzen und sonnen sich. Man trifft sie oft weit vom Wasser entfernt auf Waldlichtungen und über Waldwegen, wo sie in geringer Höhe fliegend nach Beute jagen.
Entwicklung: Die Eier überwintern; die Larven wandern auf dem Grund oder zwischen den Pflanzen umher. Der Schlupf erfolgt nach 2–3 Jahren. Siehe auch Bild 19.

◁ Männchen, frisch geschlüpft mit Larvenhaut

Männchen, ausgefärbt ▽

Weibchen

## Herbst-Mosaikjungfer

*Aeshna mixta* LATREILLE
Familie Edellibellen (*Aeshnidae*)

Flügelspannweite: 8–8,5 cm.
Verwechslungsarten: *Ae. viridis* (s. diese), auch *Ae. affinis*; die Brustseiten dieser Art sind gelbgrün mit schwarzer Strichzeichnung.
Gefährdungsgrad: Nicht gefährdet.
Flugzeit: Juli bis Oktober.
Lebensraum: Stehende Gewässer aller Art.
Verhalten: Die Tiere fliegen in Ufernähe auf der Suche nach Weibchen; diese stechen ihre Eier bevorzugt in Treibholz ein. Die Paarungsräder hängen gerne an Schilfblättern oder an Zweigen in 1–2 m Höhe. Jagende Tiere kann man oft fern vom Wasser an Waldrändern und über den angrenzenden Wiesen und Feldern antreffen, wo sie in der Regel recht hoch fliegen.
Entwicklung: Die Eier überwintern, die Larven zumeist ebenfalls, so dass die Entwicklung zwei Jahre benötigt; bei sehr warmer Witterung kann sie auch in einem Jahr vollendet werden.
Anmerkungen: Der Gattungsname *„Aeshna“* wird oft mit „sch“ geschrieben; das ist nicht korrekt, da die Schreibweise der ersten Veröffentlichung gilt. Eine sinnvolle Ableitung dieses alten Namens aus dem Griechischen, die für obige Schreibweise ins Feld geführt wird, ist nicht möglich; so kann man über die Bedeutung des Wortes heute nur noch spekulieren.

◁ Männchen von oben

Männchen von der Seite ▽

Weibchen

Männchen

Weibchen

**Grüne Mosaikjungfer**
*Aeshna viridis* EVERSMANN
Familie Edellibellen (*Aeshnidae*)

Flügelspannweite: 8–8,5 cm.
Verwechslungsarten: Allenfalls *Ae. mixta*; bei dieser sind die Brustseiten braun mit zwei gelblichen Schrägbinden, bei unserer Art jedoch grün. Die großen Flecken auf der Oberseite der Brust erinnern an *Ae. cyanea*, sie sind jedoch nicht oval.
Gefährdungsgrad: 1. Vom Aussterben bedroht.
Flugzeit: Juli bis Oktober.
Lebensraum: Stehende Gewässer mit Beständen der Krebsschere (*Stratiotes aloides*).
Verhalten: Diese Art ist auf den Norden Deutschlands beschränkt. Frühmorgens und am Spätnachmittag sitzen die Tiere in Gewässernähe an Pflanzen. Die Männchen fliegen während des Tages über dem schwimmenden Rasen der Krebsschere, die Paarung scheint jedoch abseits vom Wasser stattzufinden. Die Weibchen stechen ihre Eier fast ausschließlich in die genannte Pflanze ein. An warmen Abenden jagen die Tiere oft in der Dämmerung nach Insekten.
Entwicklung: Die Eier überwintern; die Gesamtentwicklung dauert 2–3 Jahre.
Anmerkungen: Das Verschwinden der prächtigen Libelle ist vor allem den Anglern zu verdanken, die sich durch die Krebsschere behindert fühlen; so wurde diese Pflanze fast ausgerottet und mit ihr die Grüne Mosaikjungfer.

Männchen

**Südliche Mosaikjungfer**
*Aeshna affinis* VANDER LINDEN
Familie Edellibellen (*Aeshnidae*)

Flügelspannweite: 8–8,5 cm.
Verwechslungsarten: *Ae. mixta*, *Ae. viridis*; siehe diese. Die Männchen unserer Art fallen durch das leuchtende Blau ihrer großen Hinterleibsflecken auf.
Gefährdungsgrad: D. Daten nicht ausreichend. Eine Vermehrung dieser schönen Wanderlibelle ist bei uns ausnahmsweise möglich.
Flugzeit: Juli bis August.
Lebensraum: Stehende Gewässer mit stark verschilften Ufern; im Süden auch an Flüssen.
Verhalten: Diese Art wandert von Zeit zu Zeit aus dem Mittelmeergebiet ein, wo sie recht selten zu sein scheint; zumeist sieht man nur einzelne Exemplare, manchmal jedoch treten sie in größerer Anzahl auf. Die Männchen fliegen an den Rändern der Schilfbestände auf und ab, sie setzen sich nicht selten an die Blätter dieser Pflanze; hier findet man auch die Paarungsräder. Die Eiablage erfolgt zumeist mit angekoppeltem Männchen; dieses klammert sich oft an senkrechte Pflanzenstängel, das Weibchen sitzt auf dem Boden und sticht die Eier in den feuchten Grund ein. Wie wohl bei allen Edellibellen, die dieses Verhalten zeigen, können die Weibchen auch ohne Begleitung durch das Männchen ablegen.
Entwicklung: Über die Entwicklungsdauer von Ei und Larve ist gegenwärtig nichts bekannt.

**Große Königslibelle**
*Anax imperator* LEACH
Familie Edellibellen (*Aeshnidae*)

Flügelspannweite: 9,5–11 cm.
Verwechslungsarten: Allenfalls die Kleine Königslibelle; die Brust dieser Art ist braun, das Blau des Hinterleibes der Männchen ist auf die ersten Ringe beschränkt.
Gefährdungsgrad: Nicht gefährdet.
Flugzeit: Mai bis September.
Lebensraum: Stehende Gewässer.
Verhalten: Die Männchen fliegen einen bis mehrere Meter hoch über dem Wasser umher und vertreiben andere Männchen. Die Paarung beginnt am Wasser und wird oft in den Baumkronen beendet, selten findet man die Räder in 1–2 m Höhe. Die Eiablage erfolgt ohne Begleitung durch das Männchen in schwimmende Pflanzenteile. Fliegende Weibchen zeigen angreifenden Männchen ihre fehlende Paarungsbereitschaft durch Abwärtskrümmen des Hinterleibes (Eiablagehaltung) an.
Entwicklung: Ältere Larven leben zwischen den Pflanzen verborgen. Je nach dem Zeitpunkt der Eiablage und der Wassertemperatur brauchen sie 1–2 Jahre zu ihrer Entwicklung.
Anmerkungen: Der deutsche Name dieser prächtigen Libelle geht auf HERMANN LÖNS zurück. Einmal wurde ein Bastard zwischen der Großen und der Kleinen Königslibelle beschrieben. Siehe auch Bilder 32, 36, 43.

◁ Männchen

Weibchen, frisch geschlüpft ▽

Weibchen, ausgefärbt

Anax napolitain        Zuidelijke keizerlibel

**Kleine Königslibelle**
*Anax parthenope* SELYS
Familie Edellibellen (*Aeshnidae*)

Flügelspannweite: 9,5–11 cm.
Verwechslungsarten: Allenfalls die Große Königslibelle; die Brust dieser Art ist grün, der Hinterleib blau mit schwarzem Mittelstreifen und schwarzem Rand.
Gefährdungsgrad: G. Gefährdung anzunehmen, Status unbekannt.
Flugzeit: Mai bis September.
Lebensraum: Stehende Gewässer.
Verhalten: Diese südliche Art ist bei uns nur stellenweise häufiger, in den meisten Gegenden Mitteleuropas ist sie ein Vermehrungsgast. Die Männchen fliegen hoch über dem Wasser oder sie folgen im Tiefflug der Uferlinie und dringen in die Vegetation ein; sie sind sehr scheu und vorsichtig. Die Eiablage erfolgt wie bei *Aeshna affinis* und *Hemianax ephippiger* in Tandemstellung in lebende oder abgestorbene, schwimmende Pflanzenteile; die Paare können dabei auf senkrechten oder waagerechten Unterlagen sitzen. Seltener sieht man einzelne Weibchen Eier legen; solche werden alsbald von den suchenden Männchen ergriffen und zur Paarung entführt.
Entwicklung: In Mitteleuropa benötigen die Larven zwei Jahre, im Süden nur eines, um ihre Entwicklung zu vollenden.
Anmerkungen: Die Art ist in Südeuropa häufig; sie jagt oft in der Abenddämmerung. Siehe auch Bild 10.

◁ Eiablage im Tandem, Weibchen grau-braune Form

Weibchen, blaue Form ▽

Männchen

Anax porte-selle    Zadellibel    Männchen

**Schabrackenlibelle**
*Hemianax ephippiger* (BURMEISTER)
Familie Edellibellen (*Aeshnidae*)

Flügelspannweite: 9,5–10,5 cm.
Verwechslungsarten: Diese große sandgelbe Libelle kann mit keiner ihrer Verwandten verwechselt werden.
Gefährdungsgrad: Vermehrungsgast; eine Vermehrung in Mitteleuropa ist kaum möglich, deshalb ist sie hier nicht gefährdet.
Flugzeit: Mai bis September, wohl auch später. Hierüber ist nichts Näheres bekannt.
Lebensraum: Stehende Gewässer; wandernden Tieren begegnet man auch fern vom Wasser.
Verhalten: Die Tiere sind gewandte und schnelle Flieger. Sie setzen sich nicht selten in Bodennähe ab, doch ist es sehr schwierig, sich ihnen zu nähern. Hier findet man auch die Paarungsräder. Die Eiablage erfolgt ähnlich wie bei *Aeshna affinis* und *Anax parthenope* in Tandemstellung, bevorzugt in den Uferschlamm der Gewässer oder in Pflanzen. Diese afrikanische Libellenart ist in Südeuropa stellenweise bodenständig. Einzeltiere wandern oft sehr weit nach Norden, selbst in Irland wurden sie aufgefunden.
Entwicklung: Hierüber ist nichts bekannt.
Anmerkungen: Wird neuerdings zur Gattung *Anax* gestellt. In den letzten Jahren wird sie immer häufiger in Mitteleuropa beobachtet, scheint sich auch gelegentlich hier zu entwickeln.

Etgs Virelles

Männchen Cordulie à taches jaunes

**Gefleckte Smaragdlibelle**
*Somatochlora flavomaculata* (VANDER LINDEN)
Familie Falkenlibellen (*Corduliidae*)

Flügelspannweite: 6,5–7 cm.
Verwechslungsarten: Andere Smaragdlibellen; die Männchen unserer Art haben auf dem Hinterleib kleine, die Weibchen große, gelbe oder trübbraune Seitenflecken. Fliegende Männchen sind nur an ihrem Verhalten zu erkennen.
Gefährdungsgrad: 2. Stark gefährdet.
Flugzeit: Juni bis August.
Lebensraum: Schilffelder in flachem Wasser, Seggensümpfe und Sumpfwiesen; die Art meidet das offene Wasser.
Verhalten: Die Männchen fliegen dicht über dem Schilf, gerne auch an Waldrändern in 1–3 m Höhe auf und ab, wobei sie nicht selten rüttelnd in der Luft stehen bleiben. Sie setzen sich nur selten, am ehesten noch an sehr warmen Tagen (Überhitzungsgefahr?) oder am späten Nachmittag. Die Weibchen leben sehr versteckt, man begegnet ihnen nur selten. Die Paarungsräder hängen sich nach einem unruhigen Flug an Schilfstängel oder ins Gebüsch, wo sie etwa eine Viertelstunde vereinigt bleiben. Die Eiablage ähnelt jener von *Cordulia aenea* (S. 127).
Entwicklung: Die Larven leben im Bodenschlamm ihrer Wohngewässer; sie können vier Wochen lang austrocknen, ohne Schaden zu nehmen. Vermutlich brauchen sie drei Jahre zur Entwicklung.

 Gefleckte Glanzlibelle

Männchen

**Glänzende Smaragdlibelle**
*Somatochlora metallica* (VANDER LINDEN)
Familie Falkenlibellen (*Corduliidae*)

Flügelspannweite: 7–7,5 cm.
Verwechslungsarten: Andere Smaragdlibellen, insbesondere *Cordulia aenea* (s. diese); unsere Art fällt durch ihr leuchtend metallisches Grün auf, das erst bei alten Männchen einen trüben Kupferschimmer annimmt. Sie ist eine Hochsommer-, *C. aenea* dagegen eine Frühjahrsart (Bild 50).
Gefährdungsgrad: Nicht gefährdet.
Flugzeit: Juni bis September.
Lebensraum: Stehende und langsam fließende Gewässer.
Verhalten: Die Männchen fliegen über dem Wasser umher oder sie folgen den Uferlinien im Tiefflug; andere Männchen werden vertrieben. Die Paarung beginnt am Wasser und endet in den Baumkronen. Die Legescheide der Weibchen ist verlängert und zugespitzt; während der Eiablage, die im Flug erfolgt, biegen sie die letzten Hinterleibsringe senkrecht nach oben und schlagen mit diesem „Spitzhammer" auf den Boden oder auf schwimmende Algenwatten, wodurch die Eier fortgeschleudert werden. Von Zeit zu Zeit wird der Hinterleib ins Wasser getaucht, als solle der Legeapparat abgewaschen werden.
Entwicklung: Die recht lebhaften Larven wandern auf dem Grund zwischen Pflanzen umher, ohne sich einzugraben. Nach 2–3 Jahren sind sie erwachsen.

Männchen

**Falkenlibelle**
*Cordulia aenea* (LINNAEUS)
Familie Falkenlibellen (*Corduliidae*)

Flügelspannweite: 6,5–7,5 cm.
Verwechslungsarten: Andere Smaragdlibellen, insbesondere *Somatochlora metallica*, die jedoch später fliegt; das hintere Drittel des Hinterleibes der Männchen unserer Art ist verbreitert, der Körper beider Geschlechter ist dunkel bronzefarben (Bild 50).
Gefährdungsgrad: V. Art der Vorwarnliste.
Flugzeit: Mai bis August.
Lebensraum: Stehende Gewässer aller Art, auch an Moorseen meist häufig.
Verhalten: Die Männchen folgen in langsamem Flug mit leicht angehobenem Hinterleib den Uferlinien (Suchflug nach Eier legenden Weibchen), wobei sie oft rüttelnd in der Luft stehen bleiben; andere Männchen werden vertrieben. Sie setzen sich nur selten. Jagenden Jungtieren und Weibchen kann man gelegentlich auf Waldwegen oder -lichtungen begegnen. Die Paarung wird am Wasser eingeleitet, die Räder fliegen sodann ins Gebüsch oder in die Baumkronen. Das Weibchen legt seine Eier in Ufernähe ab, indem es an verborgenen Stellen im Flug auf und ab wippt und mit dem Hinterleibsende rhythmisch den Wasserspiegel berührt.
Entwicklung: Die jungen Larven halten sich zwischen Wasserpflanzen auf, ältere Tiere graben sich ein. Sie benötigen 2–3 Jahre zur Entwicklung.

Weibchen mit Eiklumpen

**Zweifleck**
*Epitheca bimaculata* (CHARPENTIER)
Familie Falkenlibellen (*Corduliidae*)

Flügelspannweite: 8–9,5 cm.
Verwechslungsarten: *Libellula quadrimaculata*; deren Verhalten ist jedoch ganz anders. Auch Jungtiere oder Weibchen der *L. fulva* sind schon mit unserer Art verwechselt worden.
Gefährdungsgrad: 2. Stark gefährdet.
Flugzeit: Ende Mai bis Mitte Juni, die Flugzeit ist kurz.
Lebensraum: Große Seen und Teiche mit Schilf- oder Binsenbeständen an den Ufern.
Verhalten: Die Männchen kreuzen in raschem Flug über dem Wasser, sie nähern sich nur selten dem Ufer; sitzende Tiere sieht man so gut wie nie. Die Paarung beginnt am Wasser und endet zumeist in den Baumkronen oder im Gebüsch. Vor der Eiablage setzen sich die Weibchen und pressen einen braunen Eiklumpen aus, der schließlich größer wird als ihr Kopf. Währenddessen wird der Hinterleib zunehmend angehoben. Dann fliegen sie auf das Wasser hinaus und streifen ihn an Wasserpflanzen ab, wo er sich zu einem gut halbmeterlangen, an Krötenlaich erinnernden Strang entrollt, der nahe der Oberfläche hängen bleibt.
Entwicklung: Die aus den Eisträngen schlüpfenden Larven sinken auf den Boden und jagen zwischen den Wasserpflanzen. Ihre Beine sind auffallend lang. Nach 2–3 Jahren sind sie erwachsen.

Männchen

## Vierfleck

*Libellula quadrimaculata* LINNAEUS
Familie Segellibellen (*Libellulidae*)

Flügelspannweite: 7–8,5 cm.
Verwechslungsarten: *Epitheca bimaculata,* deren Verhalten jedoch völlig verschieden ist.
Gefährdungsgrad: Nicht gefährdet.
Flugzeit: Mai bis Juli.
Lebensraum: Stehende Gewässer aller Art, ist an Moorseen meist sehr zahlreich vertreten.
Verhalten: Die Männchen setzen sich gerne auf einen erhöhten Platz, von welchem aus sie das Wasser beobachten; von Zeit zu Zeit fliegen sie ihr Revier ab und vertreiben andere Männchen. Die Paarung vollzieht sich im Flug und dauert nur etwa eine halbe Minute. Die Eier werden durch wippende Bewegungen des fliegenden Weibchens über flachem Wasser abgeworfen, wobei sich das Männchen in der Nähe aufhält und andere Männchen vertreibt. Die Art neigt bei einer Massenentwicklung zum Wandern; wiederholt wurden Wanderzüge beobachtet, die mehrere Kilometer lang waren und aus Tausenden von Tieren bestanden. Als Auslöser des Wandertriebs wird ein parasitischer Saugwurm (*Prostogonimus ovatus*) vermutet, dessen Endwirte Vögel sind.
Entwicklung: Die Larven leben auf dem Grund ihrer Gewässer; obwohl sie sich nicht eingraben, pflegen sie recht schmutzig zu sein. Nach zwei Jahren sind sie erwachsen.

**Plattbauch**
*Libellula depressa* LINNAEUS
Familie Segellibellen (*Libellulidae*)

Flügelspannweite: 7–8 cm.
Verwechslungsarten: Allenfalls *L. fulva* und *Orthetrum*-Arten; der Plattbauch ist jedoch an seinem auffallend breiten und kurzen Hinterleib sicher zu erkennen. Alle *Libellula*-Arten haben an der Basis der Hinterflügel einen großen, schwarzen, ungefähr dreieckigen Fleck, der den *Orthetrum*-Arten fehlt.
Gefährdungsgrad: Nicht gefährdet.
Flugzeit: Mai bis Juli.
Lebensraum: Stehende Gewässer, vor allem kleine Tümpel und Teiche; der Plattbauch gehört zu den ersten Arten, die sich an Gartenteichen einstellen und da auch ihre Entwicklung vollenden.
Verhalten: Das Verhalten gleicht weitgehend jenem von *L. quadrimaculata*.
Entwicklung: Die Larven graben sich in den Bodengrund ein. Obwohl sie nach Literaturangaben zwei Jahre zur Entwicklung brauchen sollen, schlüpften in einem Gartenteich bereits im Jahr nach der Anlage etliche Plattbauch-Libellen.
Anmerkungen: Wegen des enormen Farbunterschiedes zwischen den Geschlechtern und der Farbänderung im Laufe des Lebens werden bei dieser und der folgenden Art Männchen und Weibchen abgebildet, letztere im Jugend- und Alterskleid.
Siehe auch Bilder 2 und 38.

◁ Männchen, ausgefärbt

Eiablage ▽

altes Weibchen

Libellule fauve Bruine Korenbout

**Spitzenfleck**
*Libellula fulva* MÜLLER
Familie Segellibellen (*Libellulidae*)

Flügelspannweite: 7,5–8 cm.
Verwechslungsarten: *Libellula depressa* (s. diese), *Orthetrum*-Arten (insbesondere *O. cancellatum*); die Flügelspitzen der Männchen unserer Art sind oft, die der Weibchen stets schwarz. Den *Orthetrum*-Arten fehlt der große, dreieckige Fleck an der Basis der Hinterflügel. Auch eine Verwechslung der Weibchen und junger Männchen mit *Epitheca bimaculata* ist möglich.
Gefährdungsgrad: 2. Stark gefährdet.
Flugzeit: Mai bis Juni.
Lebensraum: Stehende und langsam fließende Gewässer mit Schilfbeständen an den Ufern.
Verhalten: Die Männchen verhalten sich ähnlich wie jene von Vierfleck und Plattbauch; sie sind jedoch keine so ausdauernden Flieger. Die Paarung wird im Flug eingeleitet und im Sitzen beendet; sie dauert mehrere Minuten. Die Weibchen klammern sich hierbei an der Hinterleibsmitte der Männchen fest und zerkratzen mit den Dornen ihrer Beine den bläulichen Wachsüberzug auf deren Oberseite, so dass dunkle „Kopulationsmarken“ entstehen. Die Eiablage erfolgt im Flug „mit bewachendem Männchen“.
Entwicklung: Junglarven wandern auf dem Gewässergrund umher, ältere graben sich ein. Sie brauchen zwei Jahre, um ihre Entwicklung zu vollenden.

Nysdam, Schaffe Pont de l'Oguel
Gaume

◁ Männchen

junges Weibchen ▽

altes Weibchen

**Großer Blaupfeil**
*Orthetrum cancellatum* (LINNAEUS)
Familie Segellibellen (*Libellulidae*)

Flügelspannweite: 7,5–9 cm.
Verwechslungsarten: *Libellula depressa, L. fulva* (s. diese), andere *Orthetrum*-Arten, insbesondere *O. albistylum*.
Gefährdungsgrad: Nicht gefährdet.
Flugzeit: Mai bis August.
Lebensraum: Teiche und Seen, bevorzugt solche mit Sand- oder Kiesufern.
Verhalten: Die Männchen setzen sich gerne auf den unbewachsenen Boden, seltener auf Pflanzen. Sie fliegen sehr schnell über dem Wasser umher, wobei sie zumeist in Ufernähe bleiben. Die Paarung beginnt im Flug und endet im Sitzen, zumeist auf dem Boden. Die Eiablage ähnelt jener des Plattbauches, das Weibchen wird dabei ebenfalls vom Männchen „bewacht".
Entwicklung: Die Larven graben sich nicht ein, sie leben auf dem Grund ihrer Wohngewässer. Die Entwicklungsdauer soll 3 Jahre betragen.
Anmerkungen: Auch diese und die folgenden Arten zeigen einen ausgeprägten Farbunterschied zwischen den Geschlechtern sowie einen beachtlichen Farbwechsel im Laufe ihres Lebens, der hauptsächlich auf die bläuliche Wachsbereifung geschlechtsreifer Männchen zurückgeht. Auch auf dem Hinterleib sehr alter Weibchen kann eine dünne Bereifung auftreten.

◁ Männchen

reifes Weibchen ▽

altes Weibchen, fressend

Männchen

## Östlicher Blaupfeil

*Orthetrum albistylum* (SELYS)
Familie Segellibellen (*Libellulidae*)

Flügelspannweite: 7,5–8,5 cm.
Verwechslungsarten: Insbesondere *O. cancellatum*; von dieser unterscheidet sich unsere Art durch den etwas schlankeren, heller bereiften Hinterleib und vor allem durch die weißlichen Hinterleibsanhänge. Auf die Unterschiede zu anderen Segellibellen mit Wachsbereifung der Männchen wurde bereits hingewiesen. Die Weibchen kann man wegen ihrer kontrastreichen Zeichnung von weitem mit Flussjungfern verwechseln.
Gefährdungsgrad: 1. Vom Aussterben bedroht.
Flugzeit: Juni bis August.
Lebensraum: Stehende, langsam fließende Gewässer.
Verhalten: Entspricht jenem des Großen Blaupfeiles. Wo beide gemeinsam vorkommen, scheinen die Männchen des Großen Blaupfeiles die unserer Art zu vertreiben.
Entwicklung: Hierüber ist bislang nichts bekannt.
Anmerkungen: Diese Art hat ihr Hauptverbreitungsgebiet in Südosteuropa und Ostasien. Die größeren asiatischen Tiere werden als Unterart (*O. alb. speciosum*) betrachtet. Im Süden Deutschlands wurde sie wiederholt festgestellt. Weitere Meldungen kommen aus Oberitalien und Frankreich, insbesondere aus dem Oberelsass und der Camargue. Im südlichen Rheintal scheint sie stellenweise Fuß gefasst zu haben.

Männchen

**Südlicher Blaupfeil**
*Orthetrum brunneum* (FONSCOLOMBE)
Familie Segellibellen (*Libellulidae*)

Flügelspannweite: 7–7,5 cm.
Verwechslungsarten: Andere Segellibellen mit Wachs bereiftem Hinterleib, insbesondere *O. coerulescens,* die Brust der Männchen dieser etwas schlankeren Art ist zumeist dunkel, bei reifen *O. brunneum* dagegen kräftig bereift. Das Flügelmal der beiden genannten Arten ist gelblich, während die anderen für eine Verwechslung in Frage kommenden Segellibellen-Arten ein dunkles Mal haben. Der Hinterleib der Männchen von *O. brunneum* und *O. coerulescens* ist bis zum Ende blau bereift, dieses ist bei den beiden anderen *Orthetrum*-Arten schwarz. Die Weibchen von *O. brunneum* und *O. coerulescens* sind nur schwer zu unterscheiden, auch die von *Crocothemis erythraea* (S. 150) sind ihnen ähnlich.
Gefährdungsgrad: 3. Gefährdet.
Flugzeit: Juni bis August.
Lebensraum: Flache, vegetationsarme, sonnige Kleingewässer.
Verhalten: Ähnlich dem anderer *Orthetrum*-Arten.
Entwicklung: Die Larven halten sich im flachen Wasser auf, wo sie sich in den Bodengrund eingraben. Zu ihrer Entwicklung sollen sie 2–3 Jahre benötigen.
Anmerkungen: Es handelt sich um eine südliche Art, die vor allem in wärmeren Gebieten Deutschlands auftritt.

Harchies (Marais d') chemin des Maillettes

S. méridional Zuidelijke heidelibel Männchen

## Südliche Heidelibelle

*Sympetrum meridionale* (SELYS)
Familie Segellibellen (*Libellulidae*)

Flügelspannweite: 5,5–6,5 cm.
Verwechslungsarten: Andere Heidelibellen; unsere Art unterscheidet sich eindeutig von jenen, da den Brustseiten beider Geschlechter die schwarze Zeichnung fast vollständig fehlt. Die Beine sind hell rotbraun.
Gefährdungsgrad: Nicht in der Roten Liste erwähnt; sollte aber als R. oder D. eingestuft werden.
Flugzeit: Juli bis September.
Lebensraum: Stehende Gewässer.
Verhalten: Die Tiere halten sich gerne über Sümpfen und Gewässern nahen Wiesen auf. Auch diese mediterrane Art wandert gelegentlich bei uns ein. Über ihr Verhalten ist so gut wie nichts bekannt, es entspricht vermutlich weitgehend dem der anderen Heidelibellen.
Entwicklung: Unbekannt.
Anmerkungen: In den letzten Jahren wurden nur noch sehr wenige Funde der Südlichen Heidelibelle aus Deutschland gemeldet. Sie scheint auch in Südeuropa keineswegs häufig zu sein. Vielleicht sind durch den zunehmenden Tourismus und die dadurch bedingten Veränderungen der Landschaft (Hotelneubauten, Anlage von Badestränden usw.) viele Lebensräume dieser Art vernichtet worden, so dass es kaum noch zu einer Massenvermehrung kommt, die Anlass für Wanderungen sein könnte.

Männchen

**Frühe Heidelibelle**
*Sympetrum fonscolombii* (SELYS)
Familie Segellibellen (*Libellulidae*)

Flügelspannweite: 5,5–6,5 cm.
Verwechslungsarten: Andere Heidelibellen; unsere Art fliegt im Gegensatz zu ihren Verwandten im Frühjahr. Ihr gelbes Flügelmal unterscheidet sie von den anderen *Sympetrum*-Arten.
Gefährdungsgrad: Nicht in der Roten Liste erwähnt; sollte als R. oder D. eingestuft werden.
Flugzeit: Mai bis Juni, in Südeuropa bis Ende September.
Lebensraum: Stehende Gewässer.
Verhalten: Diese Libelle ist in Südeuropa, Afrika und Asien verbreitet. Aus Südeuropa wandert sie nach Mitteleuropa ein; sie scheint ihre Entwicklung bis August zu vollenden, im Hochsommer wurde sie bei uns bisher jedoch kaum beobachtet. Die Männchen sitzen gerne auf Pflanzen fern vom Ufer, an kühlen Tagen auch auf dem Boden. Die Eiablage erfolgt wie bei allen Heidelibellen mit angekoppeltem Männchen. Die Tandems wippen auf und ab, die Weibchen berühren den feuchten Boden des Ufers oder das Wasser und streifen ihre Eier ab. Im ersten Fall scheinen sie diese in den Schlamm zu drücken.
Entwicklung: Die Larven halten sich auf dem Grund des Gewässers oder zwischen Wasserpflanzen auf; im Süden scheint die Art mehrere Generationen pro Jahr zu vollenden.

**Große Heidelibelle**
*Sympetrum striolatum* (CHARPENTIER)
Familie Segellibellen (*Libellulidae*)

Flügelspannweite: 5,5–6,5 cm.
Verwechslungsarten: *Sympetrum*-Arten, insbesondere *S. vulgatum*. Der schwarze Querstreif über der Stirn endet bei unserer Art an den Augen, bei *S. vulgatum* zieht er ein Stück weit an deren Rand abwärts. Auch sind die beiden hellen Binden an den Brustseiten selbst bei alten Tieren recht deutlich, bei älteren *S. vulgatum* dagegen kaum zu sehen. Das hintere Drittel des Hinterleibes der *vulgatum*-Männchen ist verbreitert.
Gefährdungsgrad: Nicht gefährdet.
Flugzeit: Juli bis Oktober.
Lebensraum: Stehende Gewässer aller Art, auch Gartenteiche.
Verhalten: Die Paarung gleicht jener der anderen Heidelibellen. Die Eiablage beginnt ebenfalls in Tandemstellung. Die Paare wippen über den Ablageplätzen auf und ab, die Weibchen berühren den Wasserspiegel und streifen die Eier ab. Nach der Trennung, die bereits nach wenigen Minuten erfolgt, legen die Weibchen erst „mit bewachendem Männchen", zuletzt allein weiter.
Entwicklung: Die Larven schlüpfen nach etwa 6 Wochen oder aber die Eier überwintern. Die Larven halten sich auf dem Gewässergrund oder zwischen Pflanzen auf. Die Libellen erscheinen im Jahr nach der Eiablage. Siehe auch Bilder 15 und 29.

◁ Männchen, Kopf

Männchen ▽

Weibchen

**Gemeine Heidelibelle**
*Sympetrum vulgatum* (LINNAEUS)
Familie Segellibellen (*Libellulidae*)

Flügelspannweite: 5,5–6,5 cm.
Verwechslungsarten: Andere Heidelibellen, insbesondere *S. striolatum* und *S. sanguineum*. Der schwarze Querstreif über der Stirn endet bei der ersteren an den Augen, bei unserer Art zieht er ein Stück weit an diesen herab. Der Hinterleib der Männchen von *S. striolatum* ist schlank, der von *S. vulgatum* und *S. sanguineum* dagegen nach hinten verbreitert. *S. sanguineum* hat ganz schwarze, die beiden anderen Arten haben außen gelbe Beine. Die Weibchen von *S. striolatum* und *S. vulgatum* sind an der Legescheide zu unterscheiden, die bei der ersten Art spitz-, bei der letzteren rechtwinkelig absteht.
Gefährdungsgrad: Nicht gefährdet.
Flugzeit: Juli bis November.
Lebensraum: Stehende Gewässer aller Art, auch Gartenteiche.
Verhalten: Entspricht dem der anderen Heidelibellen. Die Eiablage erfolgt in Ufernähe oder zwischen Pflanzen.
Entwicklung: Die Larven leben auf dem Grund der Gewässer oder zwischen Wasserpflanzen, sie sind oft sehr schmutzig. Die Libellen schlüpfen im Jahr nach der Eiablage.
Anmerkungen: Aus Nordspanien wurde die Unterart *S. vulgatum ibericum* (OCHARAN) beschrieben; sie ist insgesamt heller, die schwarzen Zeichnungen der Brust sind stark reduziert.

Tandem

**Blutrote Heidelibelle**
*Sympetrum sanguineum* (MÜLLER)
Familie Segellibellen (*Libellulidae*)

Flügelspannweite: 5–6 cm.
Verwechslungsarten: Andere Heidelibellen, insbesondere *S. vulgatum*, deren Beine außen gelb gestreift sind (siehe diese); die Männchen der Blutroten Heidelibelle fallen durch den leuchtend roten Hinterleib auf.
Gefährdungsgrad: Nicht gefährdet.
Flugzeit: Juli bis September.
Lebensraum: Stehende Gewässer.
Verhalten: Die Eiablage beginnt in Tandemstellung, wobei die Tiere zwischen den Pflanzen auf und ab wippen; das kann über flachem Wasser oder über feuchtem Boden in Ufernähe erfolgen. Sodann trennen sich die Tiere, das Männchen rüttelt in der Nähe des legenden Weibchens und vertreibt andere Männchen (Eiablage mit bewachendem Männchen). Dabei verliert es nach kurzer Zeit seine Partnerin, die noch lange allein mit der Eiablage fortfahren kann. Das gleiche Verhalten ist auch bei der Schwarzen, der Gemeinen und der Großen Heidelibelle beobachtet worden.
Entwicklung: Die Eier überwintern. Die Larven leben zwischen Wasserpflanzen; die Libellen schlüpfen im selben Jahr.
Anmerkungen: Gelegentlich sieht man bei dieser (und anderen) Heidelibellenart(en) rot gefärbte Weibchen. Siehe auch Bilder 9, 18, 29, 33.

Männchen

**Gebänderte Heidelibelle**
*Sympetrum pedemontanum* (ALLIONI)
Familie Segellibellen (*Libellulidae*)

Flügelspannweite: 4,5–5,5 cm.
Verwechslungsarten: Sie ist sicherlich eine der schönsten heimischen Libellen. Die Flügel dieser Art sind von braunen Binden durchzogen, eine Verwechslung mit anderen Heidelibellen ist somit nicht möglich. Nur im Süden Spaniens kommt eine Segellibelle mit ähnlichen Flügelbinden vor, die in Afrika verbreitete *Brachythemis leucosticta* (S. 167); die Männchen dieser Art haben jedoch im Gegensatz zu unserer Art einen braunen Hinterleib.
Gefährdungsgrad: 3. Gefährdet.
Flugzeit: Juli bis September.
Lebensraum: Stark verwachsene, flache Gewässer.
Verhalten: Entspricht dem der anderen Heidelibellen, der Flug ist etwas träge und flatternd. Die Tiere scheinen zu wandern, in warmen Sommern können sie weit nach Norden vorstoßen und geeignete Gewässer vorübergehend besiedeln.
Entwicklung: Die Larve lebt an Wasserpflanzen.
Anmerkungen: Die Gebänderte Heidelibelle ist in Deutschland nur sehr lückenhaft verbreitet, vielerorts fehlt sie. Die dunklen Flügelbinden bewirken, dass man fliegende Tiere trotz ihrer leuchtenden Körperfarbe oft nur schlecht sieht und sie leicht aus den Augen verliert. Ihre Biologie ist kaum bekannt.

Männchen

**Sumpf-Heidelibelle**
*Sympetrum depressiusculum* (SELYS)
Familie Segellibellen (*Libellulidae*)

Flügelspannweite: 5–6 cm.
Verwechslungsarten: Andere *Sympetrum*-Arten, insbesondere *S. sanguineum*. Der Hinterleib der Männchen unserer Art ist abgeplattet; er trägt an den Seiten kleine, schwarze Keilflecken, deren Spitzen nach vorne weisen. Bei ausgefärbten Männchen ist er leuchtend rot gefärbt, bei jüngeren Tieren dagegen ist diese Farbe auf einen Mittelstreifen beschränkt; die Seiten sind gelblich. An den oben erwähnten schwarzen Keilflecken des Hinterleibes kann man auch die Weibchen mit einiger Sicherheit erkennen. Die Beine unserer Art sind, ähnlich wie bei *S. sanguineum*, ganz schwarz.
Gefährdungsgrad: 2. Stark gefährdet.
Flugzeit: Juli bis September.
Lebensraum: Warme, flachmoorige Gewässer.
Verhalten: Entspricht weitgehend dem der anderen Heidelibellen. Die Eiablage erfolgt in Tandemstellung in Algenwatten. Die Art ist sehr wärmebedürftig und deshalb nur in den Mittagsstunden voll aktiv.
Entwicklung: Die Eier überwintern. Die Larven schlüpfen im Frühjahr, bereits im Sommer erscheinen die Libellen.
Anmerkungen: Der wissenschaftliche Name dieser Art bezieht sich auf den abgeplatteten Hinterleib der Männchen.

Paarungsrad

**Gefleckte Heidelibelle**
*Sympetrum flaveolum* (LINNAEUS)
Familie Segellibellen (*Libellulidae*)

Flügelspannweite: 5–6 cm.
Verwechslungsarten: Eine Verwechslung mit anderen Heidelibellenarten ist wohl kaum möglich, da die Flügel unserer Art in beiden Geschlechtern mehr oder weniger ausgedehnte gelbe Flecken tragen.
Gefährdungsgrad: 3. Gefährdet.
Flugzeit: Juli bis September.
Lebensraum: Stark verwachsene, flache stehende Gewässer.
Verhalten: Entspricht dem der anderen Heidelibellen, die Tiere entfernen sich oft weit vom Wasser. Die Eiablage erfolgt im Tandemflug zwischen niederer Vegetation oder über moosbewachsenen Flächen.
Entwicklung: Die Larven schlüpfen im Jahr der Eiablage oder im nächsten Frühjahr. Im Sommer ist die Entwicklung abgeschlossen, die Libellen erscheinen.
Anmerkungen: Bei kaum einer anderen Libellenart ist die Abnahme der Individuenzahl so auffällig wie bei der Gefleckten Heidelibelle; früher zählte sie zu den häufigsten Arten der Gattung, heute findet man sie nur noch an wenigen Stellen. Ein Grund dafür dürfte die Vernichtung vieler Lebensräume sein. Dieses Beispiel zeigt deutlich, wie sinnlos bei Insekten ein Artenschutz ist; nur ein sorgfältiger Schutz ihrer Lebensräume kann die spezialisierten Arten vor dem Aussterben bewahren.

## Schwarze Heidelibelle

*Sympetrum danae* (SULZER)
Familie Segellibellen (*Libellulidae*)

Flügelspannweite: 4,5–5,5 cm.
Verwechslungsarten: Die ausgefärbten Tiere können wegen der schwarzen Färbung des Hinterleibes der Männchen und der ausgedehnten schwarzen Zeichnungen der im Alter dunkelbraungrauen Weibchen nicht verwechselt werden: Jungtiere ähneln denen anderer *Sympetrum*-Arten, doch unterscheidet auch sie die kräftige schwarze Zeichnung der Brust von diesen. Der Hinterleib nicht völlig ausgefärbter Männchen kann auf schwarzem Grund gelbe Flecken tragen.
Gefährdungsgrad: Nicht gefährdet.
Flugzeit: Juli bis September.
Lebensraum: Stehende Gewässer aller Art, im Südwesten mehr im Gebirge. In Moorgewässern meist sehr zahlreich vertreten.
Verhalten: Ähnlich jenem von *Sympetrum sanguineum*. Die Tiere sonnen sich gerne auf dem Boden, auf Hölzern und Steinen.
Entwicklung: Die Eier überwintern. Die Larven halten sich im flachen Wasser in Ufernähe auf, welches sich stark erwärmt. Sie vollenden ihre Entwicklung im selben Jahr.
Anmerkungen: In vielen älteren Büchern wird die Schwarze Heidelibelle noch unter dem wissenschaftlichen Namen „*Sympetrum scoticum* (DONOVAN)“ geführt; dieser ist ungültig.

◁ Männchen

Weibchen, frisch geschlüpft ▽

reifes Weibchen

## Feuerlibelle

*Crocothemis erythraea* (BRULLÉ)
Familie Segellibellen (*Libellulidae*)

Flügelspannweite: 5,5–6 cm.
Verwechslungsarten: Allenfalls rote *Sympetrum*-Arten; durch das leuchtende Rot des Körpers und der Augen sowie durch den etwas breiteren, platten Hinterleib unterscheiden sich die Männchen der Feuerlibelle deutlich von jenen. Jungtiere und Weibchen können mit jenen der kleineren *Orthetrum*-Arten verwechselt werden; die Flügelbasen unserer Art sind jedoch gelb getönt.
Gefährdungsgrad: Nicht eingestuft; in Südwestdeutschland ist die Feuerlibelle bodenständig und gefährdet.
Flugzeit: Mai bis August.
Lebensraum: Stehende Gewässer, die nicht zufrieren.
Verhalten: Diese auch in Afrika und dem Westasien verbreitete Wanderlibelle zählt in Südeuropa zu den häufigsten Libellenarten. Sie hat sich in den letzten Jahren in Südwestdeutschland angesiedelt, ist jedoch nicht häufig. Die Männchen setzen sich gerne auf den Boden oder auf die Vegetation in Bodennähe. Die Paarung währt nur kurz, sie beginnt im Flug und wird meist sitzend beendet. Die Eiablage erfolgt aus dem Flug ins Wasser, oft fern vom Ufer. Die Weibchen werden nicht von den Männchen bewacht.
Entwicklung: Die Larven leben auf dem Boden oder an Wasserpflanzen. Die Dauer der Entwicklung wird auf ein Jahr geschätzt.

◁ junges Männchen

altes Männchen ▽

Weibchen

# Moorgewässer

Die Moore sind zumeist im Gefolge der letzten Eiszeit entstanden. Unter dem Einfluss des kühlen, feuchten Klimas siedelten sich in feuchten Senken Torfmoose an. Sie hielten das Wasser fest; die abgestorbenen Pflanzen verfaulten nicht, sondern sie lagerten sich auf dem Grund der Gewässer ab und unterbrachen die Verbindung zum Bodengrund. Die Torfmoose wuchsen weiter, hoben die Oberfläche über die Umgebung an und formten schließlich die typische Gestalt der Hochmoore.

Moorgewässer sind besonders extreme Lebensräume. Da das Wasser keine Verbindung zum Untergrund besitzt, sind sie sehr arm an Nährstoffen. Der Stickstoff, Lebensgrundlage für Pflanzen und Tiere, stammt fast ausschließlich aus dem Regenwasser und ist deshalb nur in geringer Menge vorhanden. So ist die Fauna dieser Gewässer von Natur aus arm, die Libellenlarven finden nur wenige Beutetiere; sie wachsen langsam und benötigen in der Regel mehrere Jahre, um ihre Entwicklung zu vollenden.

Einen wichtigen Stressfaktor für die Wasserbewohner stellen die extremen Temperaturverhältnisse dar: Das durch seinen Gehalt an Huminsäuren dunkel gefärbte Moorwasser wird durch die Sonneneinstrahlung in Oberflächennähe rasch auf 30–40°C erwärmt, während man in 15 cm Tiefe oft nur noch 10–15°C misst. Die rasche Erwärmung des Wassers bringt für die Larven ein weiteres Problem: Wärme beschleunigt die Entwicklung; so könnte es geschehen, dass einige Tiere im Spätherbst an einem warmen Tag vorzeitig schlüpfen. Der Frost würde ihrem Leben ein frühes Ende setzen. Deshalb wird die Entwicklung dieser Tiere nicht nur durch Temperatur und Nahrungsangebot gesteuert, sondern auch durch die Tageslänge; sinkt diese im Herbst unter einen bestimmten Wert, dann treten sie in eine Ruhephase ein, die erst im nächsten Jahr aufgehoben wird. Zu den Stressfaktoren zählt auch der oft sehr starke Säuregrad des Wassers, der in pH gemessen wird. Er schwankt zwischen 2 und 6; Leitungswasser hat einen pH-Wert von etwa 7, Essig von 2.

Ungefähr 15% der mitteleuropäischen Libellenarten sind an diesen Gewässertyp angepasst; sie sind wohl die extremsten Spezialisten in dieser Insektengruppe. Früher waren weite Gebiete Norddeutschlands von Mooren bedeckt, die als lebensfeindlich galten. Deshalb wurden sie zum Teil abgetorft, zum Teil trockengelegt und in Äcker und Weiden verwandelt. Viele seltene Pflanzen- und Tierarten wurden dadurch auf die wenigen erhalten gebliebenen Moore zurückgedrängt.

Wenn Moorgewässer an Viehweiden grenzen, werden sie vor allem durch eindringende Tiere stark beeinträchtigt. Der Verbiss der Vegetation spielt nur eine untergeordnete Rolle; schwerwiegender dagegen ist das Zertreten der Verlandungszonen, das diesen Vorgang völlig zum Erliegen bringen kann. Vor allem die Fäkalien der Tiere führen zu einer Überdüngung und dadurch zu einer Veränderung des Charakters der Gewässer, die Pflanzen und Tiere gleichermaßen betrifft.

Den gleichen Effekt kann die Einschwemmung von Dünger aus Wiesen und Äckern bewirken.
Auch durch das Abtorfen sind viele Moore gefährdet. In frühen Zeiten war der getrocknete Torf ein wichtiger Brennstoff; heutzutage wird er vor allem in der Gärtnerei als Zuschlagstoff zum Boden verwendet. Dabei ist er nicht allzu wertvoll, er kann ohne weiteres durch andere Mittel wie Rindentorf ersetzt werden. Gerade Kleingärtner sollten dies berücksichtigen und auf die Verwendung von Naturtorf verzichten. Geeignete oder sogar bessere Ersatzstoffe sind im Gartenhandel erhältlich.
Die Moore der Gebirge sind nicht so stark bedroht wie die des flachen Landes. Sie werden jedoch durch gedankenlose Touristen gefährdet, die, von den urtümlichen Landschaften angelockt, die Verlandungszonen zertreten oder trotz der damit verbundenen Gefahr in den Moorseen baden. Der Wert dieser einzigartigen Lebensräume als Refugien für Flora und Fauna ist längst erkannt worden, die meisten von ihnen sind als Naturschutzgebiete ausgewiesen.
Dass auch die Unterschutzstellung keine Garantie für das Überleben von Moorarten ist, zeigt das Verschwinden der Alpen-Mosaikjungfer (*Aeshna caerulea*) in den Hochmooren des südlichen Schwarzwaldes (S. 160).

Männchen

**Mond-Azurjungfer**
*Coenagrion lunulatum* (CHARPENTIER)
Familie Schlanklibellen (*Coenagrionidae*)

Flügelspannweite: ca. 3,5 cm.
Verwechslungsarten: Andere Azurjungfern (vgl. Bild 46); im selben Lebensraum kommen im Allgemeinen nur *C. hastulatum* und *Enallagma cyathigerum* vor.
Gefährdungsgrad: 2. Stark gefährdet.
Flugzeit: Mai bis Mitte Juni.
Lebensraum: Nicht allzu nährstoffarme Moortümpel, seltener Moore. Die Art kommt hauptsächlich in Norddeutschland vor, vereinzelt auch in den Alpen.
Verhalten: Dieses entspricht weitgehend jenem der anderen Azurjungfern. Die Männchen halten sich in der Ufervegetation auf, hier findet man auch die Paarungsräder. Die Eiablage erfolgt in Tandemstellung, bevorzugt in aufrechte Blätter des Wollgrases. Dabei tauchen beide Tiere unter, ohne sich zu trennen: sie können bis zu einer halben Stunde unter Wasser bleiben. An ihrem Körper haftet eine dünne Luftschicht, die ihnen das Atmen ermöglicht. Schließlich schwimmen sie auf, ruhen kurze Zeit und setzen sodann andernorts die Ablage fort. Wollgrasblätter, die auf der Oberfläche schwimmen, werden ebenfalls angenommen, doch fliegen die Tiere nach kurzer Zeit davon, wenn sie nicht untertauchen können.
Entwicklung: Die Larven leben an schwimmenden, oft faulenden Pflanzenteilen.

Männchen

**Speer-Azurjungfer**
*Coenagrion hastulatum* (CHARPENTIER)
Familie Schlanklibellen (*Coenagrionidae*)

Flügelspannweite: ca. 4 cm.
Verwechslungsarten: Andere Azurjungfern, vor allem *C. lunulatum* und *Enallagma cyathigerum*, die im selben Lebensraum vorkommen. Die *hastulatum*-Männchen sind etwas schlanker als jene der genannten Arten. Die Bestimmung der Azurjungfern ist anhand der schwarzen Zeichnungen des Hinterleibes möglich (vgl. Bild 46), die der Weibchen vor allem auch anhand der Form des Hinterrandes der Vorderbrust (in unserem Buch nicht abgebildet). Beim Fotografieren der Tiere sollte versucht werden, diesen sichtbar zu machen.
Gefährdungsgrad: 3. Gefährdet.
Flugzeit: Mai bis Juli.
Lebensraum: Moorseen, selbst nährstoffarme, seltener verwachsene Kleingewässer.
Verhalten: Flug und Paarung erfolgen wie bei den anderen Azurjungfern. Die Eier werden in Tandemstellung in Torfmoos oder schwimmende Blätter des Wollgrases eingestochen; dabei können die Weibchen, manchmal auch die Männchen völlig untertauchen; sie tun dies jedoch nicht so oft wie jene von *C. lunulatum*.
Entwicklung: Die Larven schlüpfen nach 2–3 Wochen. Die Entwicklungsdauer der Larven scheint zwischen einem (im Süden) und 3–4 Jahren (in Nordschweden) zu betragen.

Männchen

**Alpen-Smaragdlibelle**
*Somatochlora alpestris* (SELYS)
Familie Falkenlibellen (*Corduliidae*)

Flügelspannweite: 6–7 cm.
Verwechslungsarten: *Cordulia aenea* (S. 127); der Hinterleib der Männchen dieser Art ist in der Mitte deutlich schmäler als weiter hinten. *S. artica*; diese Art hat am 3. Hinterleibsring seitlich zwei gelbe Flecken, die beim Weibchen besonders deutlich ausgeprägt sind. Die Männchen der Smaragdlibellen sind an der Form ihrer Hinterleibsanhänge (Bild 50) auch auf Fotos sicher zu unterscheiden.
Gefährdungsgrad: 1. Vom Aussterben bedroht.
Lebensraum: Kleine Wasserstellen in den Torfmoos-Schwingrasen der Hochmoore, bei uns kaum unter 1000 m.
Verhalten: Die Männchen fliegen über den Schwingrasen und setzen sich nicht selten auf Pflanzen in Bodennähe. Die Paarung beginnt im Flug und endet in der Vegetation. Die Eiablage erfolgt in Wasserlachen auf Schuttflächen oder in den Torfmoosrasen. Hierbei halten die rüttelnden Weibchen die beiden letzten Hinterleibsringe senkrecht nach oben und berühren mit dem Körperende rhythmisch das Wasser, wobei die Eier abgestreift werden.
Entwicklung: Hierüber ist nur sehr wenig bekannt. Die Larven halten sich zwischen den Torfmoospflänzchen auf. Die Entwicklungsdauer dürfte mindestens 3 Jahre betragen.

Männchen

**Arktische Smaragdlibelle**
*Somatochlora arctica* (ZETTERSTEDT)
Familie Falkenlibellen (*Corduliidae*)

Flügelspannweite: 6–7 cm.
Verwechslungsarten: Vor allem *S. alpestris* und *Cordulia aenea*. Beiden Arten fehlen die gelben Flecken an den Seiten des 3. Hinterleibsringes, der Hinterleib der Männchen von *C. aenea* ist zum Ende hin deutlich breiter als in der Mitte, auch fliegt diese Art bevorzugt am offenen Wasser. Die Männchen der Smaragdlibellen sind anhand der Form ihrer Hinterleibsanhänge auch auf Fotos sicher zu unterscheiden (Bild 50).
Gefährdungsgrad: 2. Stark gefährdet.
Flugzeit: Mai bis September (je nach Höhenlage).
Lebensraum: Kleine Wasserstellen in den Torfmoos-Schwingrasen der Hochmoore; im Süden fast ausschließlich im Gebirge; im Norden auch in der Ebene.
Verhalten: Wie die Männchen der *S. alpestris*, so fliegen auch die unserer Art über dem Schwingrasen umher und setzen sich nicht selten in Bodennähe an Pflanzen. Zur Paarung werden die Weibchen im Flug ergriffen; die Räder hängen zumeist im Gebüsch. Die Eiablage, die sich von jener der *S. alpestris* nur wenig unterscheidet, erfolgt aus dem Flug.
Entwicklung: Die Larven können im Jahr der Eiablage schlüpfen oder aber die Eier überwintern. Die Larven leben zwischen den Pflänzchen des Torfmooses, sie überwintern zwei- bis dreimal.

Männchen

**Torf-Mosaikjungfer**
*Aeshna juncea* (LINNAEUS)
Familie Edellibellen (*Aeshnidae*)

Flügelspannweite: 9–10,5 cm.
Verwechslungsarten: Vor allem *Ae. subarctica,* aber auch Jungtiere von *Ae. cyanea* (S. 114). Die Brust von *Ae. juncea* ist braun mit gelben Seitenbinden, die von *Ae. subarctica* graubraun, die Seitenbinden sind bläulich. *Ae. cyanea* ist an den großen, ovalen Flecken auf der Oberseite der Brust sicher zu erkennen. Auch sind die Flecken auf dem Hinterleib der *Ae. juncea* leuchtend blau, die der *Ae. subarctica* hell graublau und kleiner.
Gefährdungsgrad: 3. Gefährdet.
Lebensraum: Moorgewässer; in Süddeutschland ist diese Art fast nur im Gebirge anzutreffen, im Norden auch in der Ebene.
Flugzeit: Juli bis September.
Verhalten: Die Männchen fliegen in etwa 1 m Höhe die Uferlinien der Gewässer entlang und suchen die Seggenbülten nach Eier legenden Weibchen ab. Die Paarung beginnt am Wasser, meist im Flug, und endet häufig in den Baumkronen. Die Weibchen stechen die Eier in Pflanzen ein. Am späten Nachmittag sitzen die Männchen auf Baumstämmen und sonnen sich.
Entwicklung: Die Larven schlüpfen erst etwa 10 Monate nach der Eiablage. Sie hängen gerne an schwimmenden Pflanzenresten, die Entwicklungsdauer beträgt 2–3 Jahre. Weibchen siehe Bild 17.

Männchen

**Hochmoor-Mosaikjungfer**
*Aeshna subarctica elisabethae* DJAKONOFF
Familie Edellibellen (*Aeshnidae*)

Flügelspannweite: 9–10,5 cm.
Verwechslungsarten: Vor allem *Ae. juncea* (s. diese). Die Farbunterschiede der Brust sind auch bei fliegenden Männchen deutlich.
Gefährdungsgrad: 1. Vom Aussterben bedroht.
Flugzeit: Juli bis September.
Lebensraum: Torf-Schwingrasen der Hochmoore. Im Süden nur im Gebirge, im Norden in der Ebene.
Verhalten: Die Männchen fliegen vorwiegend über Torfmoos-Schwingrasen, in die die Eiablage erfolgt; dieser Verhaltensunterschied zu *Ae. juncea* erleichtert das Ansprechen der Tiere im Gelände. Hier beginnt die Paarung, die Räder fliegen sodann ins Gebüsch oder in die Baumkronen. NIcht allzu selten kommt es zu Paarungsversuchen zwischen unserer Art und der ähnlichen *Ae. juncea,* eine Radbildung scheint bisher nicht beobachtet worden zu sein. Am frühen Vor- und am späten Nachmittag sitzen die Tiere gerne an Baumstämmen oder an senkrechten Torfwänden und sonnen sich.
Entwicklung: Diese ist nur sehr unvollständig bekannt. Die Larven leben zwischen Torfmoosen, die Entwicklungsdauer dürfte 3–4 Jahre betragen.
Anmerkungen: Wegen ihrer Ähnlichkeit mit *Ae. juncea* wurde diese vorher nur aus Nordamerika bekannte Art erst 1927 aus Deutschland beschrieben.

Männchen

**Alpen-Mosaikjungfer**
*Aeshna caerulea* (STRÖM)
Familie Edellibellen (*Aeshnidae*)

Flügelspannweite: 8–9 cm.
Verwechslungsarten: Andere kleinere *Aeshna*-Arten mit blau geflecktem Hinterleib der Männchen; diese Arten fliegen normalerweise in anderen Lebensräumen.
Gefährdungsgrad: 1. Vom Aussterben bedroht.
Flugzeit: Juli bis August.
Lebensraum: Hoch- und Quellmoore des Schwarzwaldes und der Alpen, in Mitteleuropa nicht unter 1000 m Seehöhe. In Nordeuropa ist unsere Art nicht an Moore gebunden.
Verhalten: Der Flug der Männchen beginnt an warmen Tagen bereits sehr früh morgens; in den Mittagsstunden scheinen die Tiere zu ruhen. Auch während der Flugzeit setzen sie sich nicht selten an Baumstämme oder Felsen, pressen den Körper an und sonnen sich. Paarung und Eiablage bieten keine Besonderheiten, die Eier werden in den Torfboden eingestochen.
Entwicklung: Hierüber ist nichts bekannt. Es wird vermutet, dass sich die Larven tagsüber im Bodengrund verbergen.
Anmerkungen: Obwohl die meisten Vorkommen der Alpen-Mosaikjungfer im Schwarzwald unter Naturschutz stehen und völlig unverändert zu sein scheinen, ist sie dort in den letzten beiden Jahrzehnten vielerorts verschwunden.

Männchen

**Große Moosjungfer**
*Leucorrhinia pectoralis* (CHARPENTIER)
Familie Segellibellen (*Libellulidae*)

Flügelspannweite: 5,5–6,5 cm.
Verwechslungsarten: Als solche kommen allenfalls *L. rubicunda* und *L. dubia* in Frage; die Flecken auf dem Hinterleib der Männchen dieser Arten sind rot (der hinterste ist etwas heller, bei jüngeren Tieren auch gelblich), bei *L. pectoralis* dagegen sind sie braun, der letzte ist leuchtend gelb (Bild 51). Auch ist unsere Art deutlich größer und kräftiger gebaut als die anderen Arten der Gattung.
Gefährdungsgrad: 2. Stark gefährdet.
Flugzeit: Mai bis Juli.
Lebensraum: Stehende Gewässer, bevorzugt solche mit Torfgrund.
Verhalten: Die verhältnismäßig trägen Männchen sitzen gerne auf Grashalmen oder den Fruchtständen des Wollgrases. Die Paarung bietet keine Besonderheiten; sie beginnt im Flug, die Räder sitzen gut eine Viertelstunde lang zumeist in der Ufervegetation. Die Eiablage erfolgt „mit bewachendem Männchen" ins freie Wasser. Einzelbeobachtungen von Tieren an für eine Entwicklung kaum geeigneten Gewässern scheinen darauf hinzuweisen, dass sie gelegentlich weit umherwandern.
Entwicklung: Hierüber ist nur wenig bekannt. Die Larven leben in der Vegetation verborgen, sie sollen zwei Jahre zur Entwicklung brauchen.

Männchen

**Kleine Moosjungfer**
*Leucorrhinia dubia* (VANDER LINDEN)
Familie Segellibellen (*Libellulidae*)

Flügelspannweite: 5–6 cm.
Verwechslungsarten: Hauptsächlich die etwas größere *L. rubicunda*; das Flügelmal dieser Art ist bei alten Männchen rot. Die Männchen beider Arten tragen auf dem Hinterleib rote Flecken, der letzte ist gelblich; bei *L. pectoralis* sind diese braun, der letzte leuchtend gelb (Bild 51).
Gefährdungsgrad: 2. Stark gefährdet.
Flugzeit: Mai bis August.
Lebensraum: Hochmoore und die Verlandungszone von Moorseen.
Verhalten: Die Männchen fliegen über den Ufern umher und setzen sich oft in Bodennähe auf Pflanzen, auf Steine oder Holzstückchen. Die Paarung beginnt am Wasser und wird in der Vegetation beendet. Die Eiablage erfolgt mit „bewachendem Männchen“, durch wippende Flugbewegungen des Weibchens werden die Eier an schwimmenden Torfmooren abgestreift.
Entwicklung: Die Larven schlüpfen etwa 3 Wochen nach der Eiablage, sie halten sich zwischen den Pflänzchen des Torfmooses auf. Sie wachsen langsam und überwintern zwei- bis dreimal.
Anmerkungen: Die Weibchen treten in zwei Farbformen auf; entweder sind die hellen Zeichnungselemente bis auf den letzten, gelben Hinterleibsfleck rötlich oder sie sind sämtlich gelb.

Männchen

**Nordische Moosjungfer**
*Leucorrhinia rubicunda* (LINNAEUS)
Familie Segellibellen (*Libellulidae*)

Flügelspannweite: 5,5–6,5 cm.
Verwechslungsarten: Insbesondere *L. dubia* (s. diese); *L. pectoralis* ist kräftiger gebaut. Die unterschiedliche Zeichnung des Hinterleibes von *L. dubia, L. rubicunda* und *L. pectoralis* ist auf Bild 51 dargestellt.
Gefährdungsgrad: 2. Stark gefährdet.
Flugzeit: Mai bis Juni.
Lebensraum: Wie *L. dubia*.
Verhalten: Wie *L. dubia*.
Entwicklung: Hierüber ist nichts bekannt. Die Larven sollen zweimal überwintern.
Anmerkungen: Die Nordische Moosjungfer ist auf den Norden und Osten Deutschlands beschränkt; außerhalb dieses Gebietes sind nur Einzelfunde bekannt geworden.

Folgende Libellenarten fliegen ebenfalls oft zahlreich an Moorgewässern:
*Lestes sponsa* (S. 88)
*Lestes dryas* (S. 89)
*Lestes virens* (S. 90)
*Pyrrhosoma nymphula* (S. 94)
*Ceriagrion tenellum* (S. 95)
*Enallagma cyathigerum* (S. 106)
*Brachytron pratense* (S. 110)
*Aeshna grandis* (S. 112)
*Aeshna cyanea* (S. 114)
*Aeshna mixta* (S. 116)
*Libellula quadrimaculata* (S. 129)
*Cordulia aenea* (S. 127)
*Somatochlora metallica* (S. 126)
*Sympetrum danae* (S. 148)

Männchen

**Zierliche Moosjungfer**
*Leucorrhinia caudalis* (CHARPENTIER)
Familie Segellibellen (*Libellulidae*)

Flügelspannweite: 6–6,5 cm.
Verwechslungsarten: *L. albifrons*; diese ist schlanker, der Hinterleib von *L. caudalis* ist im hinteren Drittel deutlich verbreitert. Die Männchen von *L. albifrons* haben ein schwarzes, die unserer Art ein weißes Flügelmal.
Gefährdungsgrad: 1. Vom Aussterben bedroht.
Flugzeit: Mai bis Juni.
Lebensraum: Stehende Gewässer mit schwach saurem Wasser.
Verhalten: Die Männchen sitzen mit leicht angehobenen Flügeln bevorzugt auf den Schwimmblättern der See- und Teichrosen. Die Paarungsräder fliegen an das Ufer; die Weibchen werfen die Eier aus dem Flug ins Wasser ab, sie werden vermutlich nicht von den Männchen bewacht.
Entwicklung: Die Larven schlüpfen im Jahr der Eiablage. Sie leben zwischen Wasserpflanzen und überwintern zweimal. Sie sind recht durchsichtig.
Anmerkungen: Diese Art war vor Jahren an einigen Weihern bei Karlsruhe recht häufig. Um die Wasserqualität zu „verbessern", wurden die Teiche auf Veranlassung eines Angelvereines durch Gräben verbunden und gekalkt. Wenige Jahre später war die Zierliche Moosjungfer verschwunden. Dieses Beispiel zeigt, wie empfindlich manche Libellenarten auf Veränderungen ihres Lebensraumes reagieren.

Männchen

**Östliche Moosjungfer**
*Leucorrhinia albifrons* (BURMEISTER)
Familie Segellibellen (*Libellulidae*)

Flügelspannweite: 5,5–6 cm.
Verwechslungsarten: *L. caudalis*. Beide Arten sind einander recht ähnlich; der Hinterleib der genannten Art ist zum Ende hin deutlich verbreitert, das Flügelmal ist hell. *L. albifrons* dagegen hat einen kaum verbreiterten Hinterleib und ein dunkles Flügelmal.
Gefährdungsgrad: 1. Vom Aussterben bedroht. In Deutschland sind nur noch einzelne Vorkommen bekannt.
Flugzeit: Mai bis Juli.
Lebensraum: Tote Flussarme, Torfgewässer, fehlt in Hochmooren. Die Biotopansprüche der Art scheinen nicht geklärt zu sein.
Verhalten: Die Männchen setzen sich gerne auf die Vegetation auf der Wasserseite: als Jagdreviere scheinen sie Lichtungen in Gewässernähe zu bevorzugen. Ansonsten scheint ihr Verhalten mit dem von *L. caudalis* übereinzustimmen; wegen der Seltenheit der Östlichen Moosjungfer ist darüber nur wenig bekannt.
Entwicklung: Hierüber ist wegen der Seltenheit unserer Art so gut wie nichts bekannt; die Larven sollen zweimal überwintern.
Anmerkungen: Die Stirn dieser Art, der sie (und auch die Gattung) ihren wissenschaftlichen Namen verdankt, kann gelegentlich recht dunkel werden.
*Leucorrhinia pectoralis*, *L. caudalis* und *L. albifrons* sind nicht an Moorgewässer gebunden.

# Mittelmeergebiet

Die Libellenfauna des Mittelmeergebietes unterscheidet sich von der des mitteleuropäischen Raumes in mancher Beziehung. Ein Teil der nordischen Arten fehlt, andere wieder, selbst solche, die bei uns auch in der Ebene fliegen, sind auf das Gebirge beschränkt; andererseits ist die Fauna um einige Wärme liebende Arten reicher, die in unseren kühlen Breiten keine Entwicklungsmöglichkeiten finden und deshalb allenfalls als Vermehrungsgäste auftreten. Im äußersten Süden kommen mehrere Arten hinzu, die aus Afrika eingewandert sind und sich hier angesiedelt haben.

Das Mittelmeergebiet war während der Eiszeiten von Gletschern frei; hier konnten manche Arten überleben, die in Mitteleuropa durch die von Skandinavien und den Alpen her vordringenden Eismassen ausgelöscht wurden, und von hier aus sowie von Osten her wurde Mitteleuropa nach seiner Wiedererwärmung neu besiedelt. Freilich schafften das nicht alle Arten; einige bleiben auf die Refugialgebiete im westlichen Mittelmeerraum beschränkt.

Auch das Angebot an geeigneten Lebensräumen ist anders als in Mitteleuropa. Stehende Gewässer, vor allem ausdauernde, sind insbesondere in den regenarmen Gebieten recht selten; auch viele Flüsse führen während der trockenen Sommermonate nur wenig Wasser, das kaum noch strömt. So begegnet man an ihnen vielen Libellenarten, die in unseren Breiten auf Teiche und Seen beschränkt sind. Andererseits werden auch kleine Wasserstellen von Libellen besiedelt, wenn sie im Laufe des Sommers nicht für längere Zeit austrocknen; selbst Sammelbecken für Regenwasser und Viehtränken beherbergen oft einige Libellenarten. Viele der zur Energiegewinnung und zur Wasserversorgung angelegten Stauseen dagegen sind recht arm an Libellen. Der stark wechselnde Wasserstand erschwert die Ansiedelung einer Ufervegetation und damit auch die vieler Libellenarten.

Die oft recht hohen Tagestemperaturen wirken sich auf das Verhalten der Libellen aus. Während beispielsweise die Große Zangenlibelle (*Onychogomphus uncatus*, S. 81) am Oberrhein nur an sehr warmen Tagen voll aktiv ist (war?), kann man ihr in Spanien an schattigen Bachufern begegnen.

Die Einstellung der Menschen zur Natur ist von der unseren verschieden. So kommt es, dass selbst die Maßnahmen der dortigen Naturschutzbehörden für uns oftmals sehr schwer zu verstehen sind. Bis vor wenigen Jahren etwa wurden in Spanien die bodenständigen Eichenwälder durch Anpflanzungen von Kiefern und sogar Eukalypten ersetzt, obwohl diese in extremem Maße die Gefahr von Waldbränden heraufbeschwören. Erst in der jüngeren Vergangenheit zeichnet sich ein Wandel ab; man beginnt einzusehen, dass die Natur ein unverzichtbarer Bestandteil unserer Lebensqualität ist. Der Bau von Kläranlagen bewirkt, dass manche Flüsse sich wieder erholen. Auch werden wertvolle Biotope häufiger unter Schutz gestellt als früher. Zunehmend wird auch die Libellenfauna erforscht, so dass zu hoffen ist, dass der Erhalt der Natur in Zukunft immer stärker in den Blickpunkt des Interesses rückt.

# Kurzbeschreibung mediterraner Libellen

In dem vorgegebenen Rahmen ist es nicht möglich, sämtliche Libellenarten Südeuropas mit Fotos zu beschreiben. 20 Arten werden ausführlich vorgestellt, wobei mangels Daten auf die Angabe der Gefährdung verzichtet werden muss; auch über die Entwicklung ist zumeist nur wenig bekannt. Die wichtigsten weiteren Arten werden kurz charakterisiert. Selbstverständlich muss in diesem Raum auch mit vielen mitteleuropäischen Arten gerechnet werden, was bei der Bestimmung zu beachten ist.

*Epallage fatime* (CHARPENTIER) (*Euphaeidae*), eine Kleinlibelle, ist etwa so groß wie eine Prachtlibelle (*Calopteryx sp.*; S. 66, 170, 171). Die Flügel sind klar und schmäler, sie tragen einen hellbraunen Spitzenfleck. In der Ruhe werden sie weit gespreizt. Die grünliche Brust ist schwarz gestreift. Der Hinterleib der Männchen ist blau bereift, jener der Weibchen blau mit schwarzer Zeichnung. Sie fliegt an den Küsten der Ägäis und des Schwarzen Meeres sowie auch weiter östlich.

*Lestes virens virens* (CHARPENTIER): Diese Unterart der Kleinen Binsenjungfer (S. 90) ist in Spanien und Westfrankreich verbreitet; der helle Streifen der ersten Brustnaht reicht bis an die Flügelbasis, bei *L. v. vestalis* ist er von dieser durch einen dunkleren Fleck getrennt.

*Boyeria cretensis* PETERS: Die Art ähnelt der westmediterranen *B. irene* (S. 185), ist jedoch schärfer gezeichnet. Sie wurde erst 1991 aus Kreta beschrieben.

*Caliaeschna microstigma* (SCHNEIDER): Diese kleine Mosaikjungfer erinnert an die Herbst-Mosaikjungfer (S. 116). Ihr Flügelmal ist extrem kurz (ca. 2 mm). Sie fliegt im östlichen Mittelmeergebiet an Waldbächen.

*Onychogomphus costae* SELYS: Diese sandfarbene Art trägt nur wenig ausgeprägte schwarze Zeichnungen auf Brust und Hinterleib. Die Hinterleibsanhänge der Männchen sind zum Ende hin auffallend verbreitert und eingeschnitten. Die Larven entwickeln sich in fließendem Wasser. Die Art ist in Süd- und Zentralspanien selten anzutreffen.

*Lindenia tetrapylla* (VANDER LINDEN): Eine große Flussjungfer (Spannweite ca. 8 cm), deren Männchen an den Seiten des Hinterleibsendes blattartige Fortsätze tragen; man kann ihr in Spanien, Italien und vor allem im ehemaligen Jugoslawien begegnen. Die Larven leben in Seen.

*Cordulegaster charpentierii* (KOLENATI), *C. helladica* LOHMANN, *C. heros* THEISCHINGER, *C. picta* SELYS und *C. trinacriae* (WATERSTON) kommen in Südosteuropa vor. Sie ähneln unseren Quelljungfern, die gelbe Farbe ist jedoch ausgedehnter.

*Somatochlora meridionalis* NIELSEN ist der *S. metallica* (S. 126) nahe verwandt. Die Brustseiten tragen gelbe Flecken, die Hinterleibsanhänge der Männchen sind von *S. metallica* etwas verschieden. Die Art ist in Südfrankreich, Italien und im östlichen Mittelmeergebiet verbreitet, wo sie an Waldbächen fliegt.

Brachythemis leucosticta (BURMEISTER), eine afrikanische Segellibelle, ist in Sizilien, Sardinien und Südspanien bodenständig. Sie ist an den dunklen Flügelbinden zu erkennen; ihr Körper ist gelb- bis dunkelbraun, bei älteren Männchen blau bereift. Die Hinterleibsanhänge sind auffallend weiß.

Diplacodes lefebvrii (RAMBUR), eine ca. 5 cm spannende, schlanke Segellibelle mit dunklem, gelb oder braun geflecktem Körper, der eine Wachsbereifung tragen kann, und weißen Hinterleibsanhängen, ist in Südspanien stellenweise häufig.

Orthetrum chrysostigma (BURMEISTER) ist ein recht großer, im männlichen Geschlecht sehr hell bereifter Blaupfeil mit leuchtend gelbem Flügelmal. Besonders schön sind junge Männchen, deren schwarz-gelber Hinterleib nur teilweise bereift ist. Er kommt im äußersten Süden Europas vor.

Orthetrum trinacria (SELYS) zeichnet sich durch seine Größe (Spannweite von mehr als 8 cm) und seinen auffallend langen Hinterleib aus, der je nach Alter gelblich oder graubraun gefärbt ist, im Alter auch blau bereift.

Selysiothemis nigra (VANDER LINDEN) ähnelt der Schwarzen Heidelibelle *Sympetrum danae* (S. 148), die jedoch so weit südlich nicht mehr vorkommt.

Sympetrum sinaiticum tarrasconense JÖDICKE ähnelt der Großen Heidelibelle (*S. striolatum*, S. 140), ist jedoch heller. Sie fliegt in Südspanien.

Zygonyx torrida (KIRBY): Eine große Art mit metallisch grüner Brust und braunem, gelb geflecktem Hinterleib. Diese afrikanische Libelle ist in Südspanien recht selten.

**Einwanderer aus Nordamerika?**

Immer wieder werden in Europa einzelne Libellen aus aller Welt gefunden, deren Larven vermutlich mit Aquarienpflanzen oder Zierfischen eingeschleppt wurden. Zwei nordamerikanische Arten verdienen jedoch mehr Beachtung, da sie aus einem ähnlichen Klima stammen wie dem unseren und somit in Mitteleuropa Fuß fassen könnten:
Auf den Azoren hat sich eine winzige Pechlibelle angesiedelt, Ischnura hastata (SAY). Die Männchen sind schwarz-gelb gezeichnet, wobei die gelbe Farbe überwiegt. Besonders auffallend ist das kleine, dreieckige Flügelmal im Vorderflügel, welches den Vorderrand nicht erreicht.
Im Herbst 1998 wurden in England mehrere Exemplare der nordamerikanischen Wanderlibelle Anax junius DRURY beobachtet. Sie ähnelt der Großen Königslibelle (S. 120), der dunkle Rückenstreifen auf dem Hinterleib ist jedoch breiter. Die Eiablage erfolgt mit angekoppeltem Männchen.

◁ *Calopteryx virgo meridionalis* SELYS, Weibchen (s. auch S. 171)

Männchen

**Südwestliche Prachtlibelle**
*Calopteryx xanthostoma* (CHARPENTIER)
Familie Prachtlibellen (*Calopterygidae*)

Flügelspannweite: 6,5–7,5 cm.
Verwechslungsarten: *C. virgo*; die Flügel dieser Art sind breiter, die dunkle Färbung überschreitet bei den Männchen basalwärts die Mitte zwischen Flügelwurzel und Knoten stark, bei *C. xanthostoma* erreicht sie diese nur selten. *C. splendens*; südliche Vertreter dieser Art haben eine breitere Flügelbinde als mitteleuropäische Tiere, doch sind die Flügelspitzen stets transparent. Die Bauchseite der letzten Hinterleibsringe der Männchen ist bei *C. xanthostoma* gelblich, bei *C. splendens* weißlich. Die Weibchen von *C. virgo* haben bräunlich transparente Flügel, die von *C. splendens* und *C. xanthostoma* grünliche; die beiden letzteren sind nicht zu unterscheiden.
Flugzeit: April bis September.
Lebensraum: Bäche und Flüsse.
Verhalten: Dieses entspricht weitgehend dem der mitteleuropäischen *Calopteryx*-Arten.
Entwicklung: Hierüber ist nichts bekannt; vermutlich entspricht sie jener der mitteleuropäischen *Calopteryx*-Arten.
Anmerkungen: *C. xanthostoma* wurde früher für eine Unterart der *C. splendens* gehalten. Die Schlüsselphasen des Werbeverhaltens beider unterscheiden sich jedoch so deutlich, dass Fehlpaarungen ausgeschlossen werden. Damit muss *C. xanthostoma* als eigene Art anerkannt werden.

Paarungsrad

**Bronzene Prachtlibelle**
*Calopteryx haemorrhoidalis* (VANDER LINDEN)
Familie Prachtlibellen (*Calopterygidae*)

Flügelspannweite: 6,5–7,5 cm.
Verwechslungsarten: Körper und Flügel der Männchen schimmern kupferbraun, die Weibchen haben eine braune Binde nahe der Flügelspitze. Eine Verwechslung mit anderen *Calopteryx*-Arten ist somit kaum möglich.
Flugzeit: April bis September.
Lebensraum: Bäche und Flüsse.
Verhalten: Entspricht weitgehend jenem der anderen *Calopteryx*-Arten.
Entwicklung: Hierüber ist nichts bekannt, vermutlich entspricht sie jener der mitteleuropäischen *Calopteryx*-Arten.
Anmerkungen: Die Unterseite der letzten Hinterleibsringe der Männchen, die während des Werbeverhaltens dem Weibchen präsentiert wird und der Arterkennung dient, ist rosarot gefärbt. Dem verdankt diese Art ihren wissenschaftlichen Namen. Sie tritt in mehreren Unterarten auf, die sich durch die Ausdehnung der dunklen Flügelzeichnung der Männchen unterscheiden.
Auch *C. virgo* und *C. splendens* kommen in Südeuropa vor; die Letztere tritt in mehreren Unterarten mit verschieden stark ausgedehnter dunkler Flügelzeichnung der Männchen auf, die Flügelspitzen sind jedoch stets transparent. Südliche *C. virgo* werden als eigene Unterart *(C. v. meridionalis)* betrachtet (Bild S. 168).

Männchen

**Weiße Federlibelle**
*Platycnemis latipes* RAMBUR
Familie Federlibellen (*Platycnemididae*)

Flügelspannweite: 4–4,5 cm.
Verwechslungsarten: Jungtiere von *Pl. pennipes* (S. 68), die ebenfalls in Südeuropa vorkommt, jedoch recht selten ist; die mittleren Hinterleibsringe der Männchen dieser Art haben eine dunkle Mittellinie, die der *Pl. latipes* fehlt; auch die verbreiterten Beinschienen weisen eine solche auf. Ausgefärbte Männchen von *Pl. pennipes* sind blassblau gefärbt, die von *Pl. latipes* bleiben weißlich.
Flugzeit: Juni bis August.
Lebensraum: Langsam fließende Gewässer mit viel Vegetation.
Verhalten: Auch die Männchen dieser Art zeigen das bereits für *Pl. pennipes* beschriebene Drohverhalten: Wenn sich zwei fliegende Tiere begegnen, werden die verbreiterten Beinschienen präsentiert. Die Paarung verläuft wie üblich, während der Eiablage steht das Männchen auf der Vorderbrust des Weibchens. Die Eier werden in schwimmende Pflanzenteile eingestochen.
Entwicklung: Die Larven halten sich zwischen Wasserpflanzen oder den Wurzeln im Uferbereich auf.
Anmerkungen: Die Familie der Federlibellen *(Platycnemididae)* ist auf die Alte Welt beschränkt; sie umfasst 25 Gattungen mit etwa 190 Arten. Nur bei den Männchen einer von zwei Unterfamilien sind die Schienen des 2. und 3. Beinpaares verbreitert.

Männchen

**Orangerote Federlibelle**
*Platycnemis acutipennis* SELYS
Familie Federlibellen (*Platycnemididae*)

Flügelspannweite: 4–4,5 cm.
Verwechslungsarten: Allenfalls die etwas kleinere und dunklere *Ceriagrion tenellum*; die Männchen unserer Art sind jedoch orangerötlich, die Weibchen hell gelbbraun. Die hellen Jungtiere können mit denen anderer *Platycnemis*-Arten verwechselt werden, doch sind die Beinschienen der Männchen von *Pl. acutipennis* nur geringfügig verbreitert.
Flugzeit: Mai bis Juli.
Lebensraum: Bäche und Flüsse. Die Art ist in West- und Südfrankreich sowie auf der Iberischen Halbinsel verbreitet und häufig, in Italien sowie im östlichen Mittelmeergebiet scheint sie zu fehlen.
Verhalten: Es entspricht weitgehend dem von *Pl. pennipes*; im Gegensatz zu den meisten südlichen Arten ist das Verhalten der Federlibellen gut erforscht.
Entwicklung: Die Larven leben zwischen Wasserpflanzen oder an den Wurzeln der Ufervegetation. Die Entwicklungsdauer ist nicht bekannt.

Die **Illyrische Federlibelle**, *Platycnemis nitidula* (BRULLÉ), wird auch als Unterart von *Pl. pennipes* betrachtet; die Männchen sind ähnlich gefärbt, beide Geschlechter sind jedoch deutlich größer. Dieser Art begegnet man im Westen Griechenlands und auf den vorgelagerten Inseln.

Tandem

**Südliche Azurjungfer**
*Coenagrion caerulescens* (FONSCOLOMBE)
Familie Schlanklibellen (*Coenagrionidae*)

Flügelspannweite: 3–4 cm.
Verwechslungsarten: Andere Azurjungfern, insbesondere *C. scitulum*. Bei den Männchen dieser seltenen Art, die von *C. caerulescens* auf Fotos kaum zu unterscheiden ist, erreichen die schwarzen Zeichnungen auf dem Rücken der Hinterleibsringe 3 und 4 allenfalls deren Mitte (vgl. Bild 46). Das Flügelmal unserer Art ist kaum länger als hoch, das von *C. scitulum* deutlich länger.
Flugzeit: Mai bis August.
Lebensraum: Stehende und fließende Gewässer; die Art ist im westlichen Mittelmeergebiet verbreitet.
Verhalten: Die Männchen suchen in langsamem Flug die Vegetation ab. Bei Sonnenschein setzen sie sich nur ausnahmsweise; sobald eine Wolke die Sonne bedeckt, suchen sie einen Ruheplatz auf. Die Paarung bietet keine Besonderheiten; die Eiablage erfolgt in Tandemstellung in schwimmende, lebende oder abgestorbene Pflanzenteile. Ob die Tiere dabei unter Wasser gehen, scheint nicht bekannt zu sein.
Entwicklung: Unbekannt.
Anmerkungen: Von unserer Art wurden zwei Unterarten beschrieben, die sich in der Ausbildung der dunklen Zeichnungselemente unterscheiden sollen. Diese sind jedoch recht variabel, so dass eine Abgrenzung von Rassen problematisch ist.

Männchen

**Gabel-Azurjungfer**
*Coenagrion scitulum* (RAMBUR)
Familie Schlanklibellen (*Coenagrionidae*)

Flügelspannweite: 3–4 cm.
Verwechslungsarten: Andere Azurjungfern, insbesondere *C. caerulescens*; die Unterschiede wurden bei dieser Art ausführlich beschrieben (zur Bestimmung vgl. auch Bild 46). Da unsere Art auch vereinzelt in Mitteleuropa aufgefunden wurde, findet sich auf S. 105 eine kurze Beschreibung.
Flugzeit: Mai bis September.
Lebensraum: Stehende und fließende Gewässer aller Art; die Art ist in Südfrankreich häufiger als die vorige, welche in Spanien dominiert.
Verhalten: Die Männchen sollen rasch und gewandt über dem Wasser umherfliegen und nur selten ans Ufer kommen. Mehr ist hierüber nicht bekannt; vermutlich gleicht ihr Verhalten in seinen Grundzügen jenem von *C. caerulescens* (siehe S. 174). Die erwähnten Einzelfunde aus Mitteleuropa scheinen darauf hinzuweisen, dass einzelne Tiere dieser Art sehr weit umherwandern.
Entwicklung: Über die Larvenentwicklung dieser seltenen Art ist nichts bekannt.
Anmerkungen: In Essex (Südost-England) flog unsere Art in den Jahren 1946 bis 1953 an einigen Gewässern in Küstennähe; nachdem eine Flut ihre Lebensräume zerstört hatte, wurde sie nicht mehr beobachtet.

Männchen

**Spanische Pechlibelle**
*Ischnura graellsii* (RAMBUR)
Familie Schlanklibellen (*Coenagrionidae*)

Flügelspannweite: 3–3,5 cm.
Verwechslungsarten: *I. elegans*, die ebenfalls in Spanien vorkommt; eine sichere Unterscheidung ist nur mikroskopisch möglich. Tiere, denen die blauen Flecken auf der Oberseite des Kopfes fehlen, gehören mit Sicherheit zu *I. graellsii*. Die hellen Zeichnungen der Brust sind bei ausgefärbten Männchen grün, nicht blau wie bei *I. elegans*, die hellen Streifen auf der Vorderseite der Flügelbrust fehlen oder sie sind nur sehr schmal. Auch Verwechslungen mit *I. pumilio* sind denkbar; bei dieser Art ist die blaue Zeichnung am Hinterleibsende der Männchen jedoch anders verteilt (s. S. 100).

Flugzeit: März bis Oktober.
Lebensraum: Stehende und langsam fließende Gewässer. Die Art ist bezüglich der Wasserqualität genauso anspruchslos wie *I. elegans*, mit der sie gemeinsam fliegt.
Verhalten: Wie *I. elegans*.
Entwicklung: Die Larven vertragen leicht brackiges Wasser, mehr ist darüber nicht bekannt. Vermutlich können die Tiere ihre Entwicklung mehrmals im Jahr vollenden.
Anmerkungen: Soweit bekannt, ist diese Art auf die Iberische Halbinsel beschränkt; ein Vorkommen im äußersten Südwesten Frankreichs ist jedoch nicht auszuschließen. Siehe auch Bild 6.

Männchen

**Insel-Pechlibelle**
*Ischnura genei* (RAMBUR)
Familie Schlanklibellen (*Coenagrionidae*)

Flügelspannweite: 3–3,5 cm.
Verwechslungsarten: Andere Pechlibellen, insbesondere *I. elegans* und *I. graellsii*. Die Brustseiten ausgefärbter Männchen sind grünlich, ähnlich jenen der vorigen Art; bei *I. elegans* sind sie blau. Die dunklen Zeichnungselemente von Kopf und Brust gleichen weitgehend jenen von *I. elegans*. Auf der Kopfoberseite trägt unsere Art zwei deutliche, blaue Flecken, die hellen Streifen auf der Oberseite der Flügelbrust sind gut ausgeprägt. Mit Sicherheit sind die genannten drei Arten anhand der männlichen Hinterleibsanhänge zu unterscheiden (Bild 7). Die nach unten weisenden Spitzen überkreuzen sich bei unserer Art etwas; bei *I. elegans* verlaufen sie parallel, bei *I. graellsii* dagegen divergieren sie leicht. Um diese Merkmale zu erkennen, ist eine sehr starke Lupe oder besser ein Stereomikroskop erforderlich.
Flugzeit: April bis Oktober.
Lebensraum: Stehende, selten fließende Gewässer. Die Art ist auf die Inseln des westlichen Mittelmeeres (Sardinien, Korsika, Sizilien, Capri etc.) beschränkt.
Verhalten: Wie *I. elegans*.
Entwicklung: Darüber ist nichts bekannt; vermutlich gleicht sie jener der *I. elegans*.
Anmerkungen: Von manchen Autoren wird *I. genei* als Unterart der *I. elegans* betrachtet.

Männchen

**Dunkle Binsenjungfer**
*Lestes macrostigma* (EVERSMANN)
Familie Teichjungfern (*Lestidae*)

Flügelspannweite: 5–5,5 cm.
Verwechslungsarten: Andere *Lestes*-Arten; da diese große Binsenjungfer vereinzelt auch in Mitteleuropa nachgewiesen wurde, findet sich bereits auf S. 92 eine kurze Beschreibung. Hier sei noch einmal auf die düstere Färbung, die bei alten Männchen auf Brust und Hinterleibsende durch eine Blaubereifung verdeckt wird, und auf das große schwarze Flügelmal (es steht über 3 Zellen) hingewiesen; an diesem Merkmal ist unsere Art sicher zu erkennen.
Flugzeit: Mai bis September.
Lebensraum: Die Art ist auf flache, salzhaltige Seen spezialisiert. Sie ist in West- und Südeuropa weit verbreitet, aber nur sehr lokal anzutreffen. Ihr Hauptverbreitungsgebiet erstreckt sich von Griechenland aus weit nach Osten.
Verhalten: Die Libellen scheinen weit umherzuwandern. Ansonsten entspricht ihr Verhalten dem der anderen *Lestes*-Arten.
Entwicklung: Die Eier sollen überwintern. Das Larvenleben ist recht kurz, nach 8 bis 10 Wochen schon schlüpfen die Libellen. Wegen der schnellen Entwicklung und der langen Flugzeit ist anzunehmen, dass die Art in jedem Jahr mehrere Generationen hervorbringt. Die bevorzugte Larvennahrung sind Kleinkrebse und Mückenlarven.

Männchen

**Zwerg-Flussjungfer**
*Paragomphus genei* (SELYS)
Familie Flussjungfern (*Gomphidae*)

Flügelspannweite: ca. 6 cm.
Verwechslungsarten: Allenfalls die ähnlich gefärbte *Onychogomphus costae* (S. 167). Die oberen Hinterleibsanhänge der Männchen sind viel länger als der 10. Hinterleibsring; die Ringe 8 und 9 tragen an den Seiten blattartige Fortsätze, welche *O. costae* fehlen.
Flugzeit: Ende Juli bis August.
Lebensraum: Fließgewässer (Flüsse, Kanäle). Sie ist auf den Inseln des westlichen Mittelmeeres und in Südspanien verbreitet.
Verhalten: Die frisch geschlüpften Tiere halten sich in Gewässernähe in der Vegetation auf. Erst nach etwa einem Monat scheinen sie geschlechtsreif zu werden. Wie alle Gomphiden setzen sie sich bevorzugt auf den Boden; bei sehr warmem Wetter heben sie ihren Hinterleib an, ähnlich wie für die Kleine Zangenlibelle (*Onychogomphus forcipatus*, S. 80) beschrieben. Die Paarungsräder hängen sich über dem Wasser an Pflanzen; sie trennen sich erst nach etwa einer Stunde. Die Eiablage erfolgt über dem offenen Wasser oder zwischen locker stehender Vegetation, die Eier werden an der Wasseroberfläche abgestreift.
Entwicklung: Die Larven graben sich in den Sandgrund ihrer Wohngewässer ein. Die Entwicklungsdauer dürfte 1 Jahr betragen.

Männchen

**Französische Keiljungfer**
*Gomphus graslinii* RAMBUR
Familie Flussjungfern (*Gomphidae*)

Flügelspannweite: 6–7 cm.
Verwechslungsarten: Andere Keiljungfern, vor allem *G. pulchellus* (S. 109), *G. flavipes* (S. 77) und *G. simillimus* (S. 76); die oberen Hinterleibsanhänge der Männchen unserer Art tragen an der Außenseite nahe der Spitze einen Zahn. Die *Gomphus*-Arten können anhand der schwarzen Zeichnung der Flügelbrust bestimmt werden (Bild 49).
Flugzeit: Juni bis August.
Lebensraum: Flüsse.
Verhalten: Die Art ist vor allem in Südfrankreich und Spanien verbreitet, jedoch nur stellenweise anzutreffen. Die Männchen sitzen gerne auf von der Sonne beschienenen Steinen und Felsen, die aus dem Wasser ragen. Über Paarung und Eiablage ist nichts bekannt, wahrscheinlich gleicht unsere Art in dieser Beziehung weitgehend ihren mitteleuropäischen Verwandten.
Entwicklung: Hierüber ist nichts bekannt; vermutlich entspricht die Entwicklung dieser Art weitgehend jener der mitteleuropäischen *Gomphus*-Arten.

**Türkische Keiljungfer**
*Gomphus schneiderii* SELYS
Diese Art kommt in Südosteuropa und dem Vorderen Orient vor. Sie ist vor allem dem *G. vulgatissimus* (S. 78) recht ähnlich, möglicherweise handelt es sich nur um eine Unterart der Gemeinen Keiljungfer (S. 78).

Männchen

## Westliche Zangenlibelle

*Onychogomphus forcipatus unguiculatus* (VANDER LINDEN)
Familie Flussjungfern (*Gomphidae*)

Flügelspannweite: 5,5–7,5 cm.
Verwechslungsarten: Andere Flussjungfern, insbesondere *O. uncatus;* die dunklen Streifen auf der Vorderseite der Brust dieser Art sind fast gerade, jene von *O. forcipatus* gebogen, die äußeren geknickt (vgl. die insgesamt dunklere mitteleuropäische Rasse [S. 80; Brustzeichnung Bild 49]). Die Färbung der männlichen Hinterleibsanhänge unterscheiden die Westliche Zangenlibelle nicht von ihrer Schwesterart, der Großen Zangenlibelle.
Flugzeit: Juni bis September.
Lebensraum: Bäche und Flüsse.
Verhalten: Entspricht jenem von *Onychogomphus f. forcipatus.*
Entwicklung: Hierüber ist nichts bekannt, vermutlich gleicht sie jener ihrer mitteleuropäischen Verwandten.
Anmerkungen: *O. f. forcipatus* und *O. f. unguiculatus* werden von manchen Autoren als Unterarten, von anderen dagegen nur als Klimaformen betrachtet. Wahrscheinlich trifft letzteres zu, da man in Südfrankreich Populationen dieser Art antrifft, die fast genauso aussehen wie mitteleuropäische Tiere. Man kann bei vielen Libellenarten beobachten, dass in wärmeren Ländern die hellen Elemente der Körperzeichnung auf Kosten der dunklen weiter ausgedehnt sind als in mittleren Breiten.

Männchen

**Zweigestreifte Quelljungfer**, südliche Rasse
*Cordulegaster boltonii immaculifrons* SELYS
Familie Quelljungfern (*Cordulegastridae*)

Flügelspannweite: 9–10,5 cm.
Verwechslungsarten: Andere südliche Quelljungfern (s. S. 167), die von unserer Art oft nur durch eine genaue Untersuchung der Tiere (Form der Hinterleibsanhänge der Männchen) zu unterscheiden sind.
Flugzeit: Ende Mai bis September.
Lebensraum: Bäche, rasch fließende Flüsse.
Verhalten: Entspricht jenem mitteleuropäischer Quelljungfern.
Entwicklung: Hierüber ist nichts bekannt, sie dürfte weitgehend jener der mitteleuropäischen Rasse entsprechen.
Anmerkungen: Der Name der Unterart deutet an, dass der schwarze Querstrich am oberen Rand der Stirn, der bei der mitteleuropäischen Rasse kräftig ausgebildet ist, bei der südlichen fehlen soll. Das ist keineswegs der Fall, es besteht nur eine Tendenz zu seiner Reduktion. In diesem Fall handelt es sich mit Sicherheit um eine Unterart (vgl. das bei *Onychogomphus f. unguiculatus* Gesagte [S. 181]), denn in den Pyrenäen fliegende Tiere sind ähnlich gezeichnet wie mitteleuropäische; sie sind jedoch kleiner, der schwarze Querstreif auf der Stirn kann fehlen. Es handelt sich somit um eine Gebirgsform der südlichen Rasse, deren helle Zeichnungselemente wohl wegen des Gebirgsklimas reduziert sind.

Weibchen

**Europäischer Flusskreuzer**
*Macromia splendens* (PICTET)
Familie *Macromiidae*

Flügelspannweite: 9–10 cm.
Verwechslungsarten: Allenfalls *Cordulegaster*-Arten; die dunklen Zeichnungselemente der Brust sind jedoch bei unserer Art metallisch grün. Auch sind Form und Anordnung der gelben Flecken des Hinterleibes völlig verschieden.
Flugzeit: Juni bis Juli.
Lebensraum: Saubere Flüsse mit spärlicher oder fehlender Vegetation, meist mit Bäumen und Büschen an den Ufern.
Verhalten: Die Männchen sowie Eier legende Weibchen fliegen über dem Wasser meist fern vom Ufer, ihr Flug ist schnell und gerade. Man findet die ruhenden Tiere an der dem Wasser abgewandten Seite des Baumgürtels in einiger Höhe hängen; möglicherweise ruhen hier auch die Paarungsräder.
Entwicklung: Ähnlich wie die Larven des Zweiflecks (S. 128) haben auch die unserer Art auffallend lange Beine. Sie halten sich auf dem Grund ihrer Wohngewässer auf. Zum Ausschlüpfen scheinen sie überhängende Ufer aufzusuchen, wo sie oft waagerecht, den Rücken abwärts, an Steinen oder Blättern hängen.
Anmerkungen: Als deutschen Namen schlagen wir „Flusskreuzer" vor, das entspricht dem englischen „River Cruiser", zudem scheint dieses Wort das Verhalten der Tiere gut zu beschreiben.

Weibchen

**Gekielter Flussfalke**
*Oxygastra curtisii* (DALE)
Familie Falkenlibellen (*Corduliidae*)

Flügelspannweite: 6,5–7 cm.
Verwechslungsarten: Wegen der gelben Flecken auf dem metallisch grünen Hinterleib ist der Gekielte Flussfalke nur im Flug mit anderen Falkenlibellen zu verwechseln.
Flugzeit: Juni bis August.
Lebensraum: Buschreiche Flussufer.
Verhalten: Die Art ist in Südwesteuropa verbreitet; sie ist nicht häufig, kann jedoch stellenweise in recht großer Zahl auftreten. Die Männchen fliegen auf ziemlich genau festgelegten Kursen die Ufer entlang, wobei sie oft rüttelnd in der Luft stehen bleiben. Sie setzen sich häufig an Zweige. Die Nacht verbringen sie abseits vom Wasser im Gebüsch, wobei sie immer dieselben Schlafplätze bevorzugen. Eier legende Weibchen fliegen dicht über dem Wasser, wobei sie häufig in die Ufervegetation eindringen; sie berühren die Wasseroberfläche mit der Spitze des Hinterleibes und streifen hierbei die Eier ab.
Entwicklung: Die Larven sollen im Schlamm der Flussufer leben und stets schlammbedeckt sein.
Anmerkungen: Diese Art wurde in den Jahren 1940–1943 an der Siegmündung festgestellt, ist jedoch dort wieder verschwunden. 1999 wurde sie in der Südeifel aufgefunden.

Männchen

**Westliche Geisterlibelle**
*Boyeria irene* (FONSCOLOMBE)
Familie Edellibellen (*Aeshnidae*)

Flügelspannweite: 8,5–9,5 cm.
Verwechslungsarten: Diese braune, im männlichen Geschlecht trüb grün gefleckte Art kann nur mit *B. cretensis* (S. 167) verwechselt werden.
Flugzeit: Juli bis September.
Lebensraum: Bäche und Flüsse.
Verhalten: Die Männchen fliegen entweder im Schatten die Ufer der Flüsse entlang und dringen in jede Nische ein, um Eier legende Weibchen aufzuspüren oder sie kreuzen frei über der Wasserfläche. Sitzende Tiere sieht man nur ausnahmsweise. Die Paarung beginnt am Wasser und wird in den Baumkronen beendet. Die Weibchen stechen ihre Eier in Baumwurzeln am Ufer ein. In der Dämmerung jagen die Tiere oft abseits vom Wasser, sie werden gelegentlich vom Licht angezogen. Gerne kreuzen sie im Tiefflug über dem hellen Asphalt von Straßen und enden dabei häufig in Autokühlern.
Entwicklung: Die Larven leben tagsüber unter Pflanzen und Wurzeln des Bodengrundes verborgen. Sie entwickeln sich sehr langsam, mehr ist nicht bekannt.
Anmerkungen: Die Weibchen treten in zwei Formen auf, deren eine kurze, die andere lange Hinterleibsanhänge trägt. Diese Art kommt stellenweise in der Schweiz vor; deshalb sollte auch im Bodenseegebiet auf sie geachtet werden.

Männchen

## Wanderlibelle

*Pantala flavescens* (FABRICIUS)
Familie Segellibellen (*Libellulidae*)

Flügelspannweite: 9–10 cm.
Verwechslungsarten: Dieses große, sandgelbe Tier könnte allenfalls von weitem mit der Schabrackenlibelle (*Hemianax ephippiger*, S. 124) verwechselt werden; diese Art ist jedoch eine Edellibelle, die sich in Körperform und Verhalten von unserer Art deutlich unterscheidet.
Flugzeit: Juni bis September.
Lebensraum: Stehende, vor allem temporäre Gewässer.
Verhalten: Es handelt sich um eine Wanderart, die den gesamten Tropengürtel besiedelt hat und von da aus weit nach Norden und Süden vorstößt. Als hervorragende Segelfliegerin (wobei sie durch die stark verbreiterten Hinterflügel unterstützt wird) nutzt sie die Aufwinde vor den Fronten von Tiefdruckgebieten aus, inbesondere die der „tropischen Konvergenzzone". Die Paarung erfolgt zumeist im Flug. Die Eier werden in Tandemstellung abgelegt, wobei das Weibchen die Wasseroberfläche mit dem Hinterleibsende berührt. Diese Art wurde ganz vereinzelt auch in Europa festgestellt.
Entwicklung: Die Larven sind an eine Entwicklung in temporären Gewässern angepasst, die oft schon nach kurzer Zeit austrocknen; deshalb wachsen sie sehr schnell heran und können etwa vier Wochen nach der Eiablage schlüpfen.

Männchen

**Violetter Sonnendeuter**
*Trithemis annulata* (PALISOT DE BEAUVAIS)
Familie Segellibellen (*Libellulidae*)

Flügelspannweite: 6–7 cm.
Verwechslungsarten: *Sympetrum*-Arten, insbesondere die im Süden häufige Frühe Heidelibelle (*S. fonscolombii*, S. 139). Unsere Art ist recht auffällig gefärbt: Beim Männchen sind die Queradern des Flügelvorderrandes von der Basis bis zum Nodus sowie weitere Adern und das Flügelmal rot. Die Hinterflügel beider Geschlechter haben einen großen, orangegelben Basalfleck. Der Hinterleib ausgefärbter Männchen ist rot, jedoch von einem dünnen, bläulichen Wachsreif bedeckt, so dass er rotviolett erscheint. Der Hinterleib der Weibchen und junger Männchen ist gelbbraun mit einer feinen, schwarzen Rückenlinie und schmalen, schwarzen Ringen. Die Rückenseite der drei letzten Ringe ist schwarz gefleckt.
Flugzeit: April bis November.
Lebensraum: Stehende und fließende Gewässer. Die Art ist in Nordafrika und Westasien verbreitet, in Südeuropa ist sie lokal häufig. In den letzten Jahren erweiterte sie ihr Areal nordwärts; inzwischen hat sie Südfrankreich erreicht.
Verhalten: Die Männchen setzen sich gerne auf Steine oder Pflanzen am Ufer; über Paarung und Eiablage scheint nichts bekannt zu sein.
Entwicklung: Darüber ist nichts bekannt.

Paarungsrad

**Ramburs Blaupfeil**
*Orthetrum ramburii* (SELYS)
Familie Segellibellen (*Libellulidae*)

Flügelspannweite: 5,5–6,5 cm.
Verwechslungsarten: Andere *Orthetrum*-Arten, insbesondere *O. coerulescens,* mit der unsere Art sehr nahe verwandt ist. Eine Unterscheidung ist nur anhand des männlichen Kopulationsorganes möglich, nicht jedoch nach Fotos.
Flugzeit: Juni bis September.
Lebensraum: Die Art scheint wenig anspruchsvoll zu sein, jedoch fließendes Wasser vorzuziehen. Sie ist im Süden der Mittelmeerländer, in Nordafrika und Kleinasien verbreitet, im Osten erreicht sie Indien.
Verhalten: Dieses entspricht jenem der anderen Blaupfeil-Arten. Die Männchen halten sich bevorzugt in Gewässernähe auf, wo sie ihre Reviere in schnellem Flug absuchen; sie kehren zu ihren bevorzugten Sitzwarten zurück. Die Eiablage erfolgt wie bei ihren Verwandten mit bewachendem Männchen.
Entwicklung: Hierüber ist nichts bekannt.
Anmerkungen: Die Art wurde zu Ehren eines französischen Entomologen des 19. Jahrhunderts benannt.
Die Ähnlichkeit mit ihrer Schwesterart, dem Kleinen Blaupfeil (*Orthetrum coerulescens,* S. 75), ist so groß, dass berechtigte Zweifel darüber bestehen, ob es sich wirklich um eine eigene Art handelt oder nur um eine Rasse.

Paarungsrad

## Gelbader-Blaupfeil

*Orthetrum nitidinerve* (SELYS)
Familie Segellibellen (*Libellulidae*)

Flügelspannweite: 8–9 cm.
Verwechslungsarten: Andere *Orthetrum*-Arten, insbesondere der etwa gleich große, jedoch kürzer und gedrungener gebaute Südliche Blaupfeil, *O. brunneum* (S. 137), der in Südeuropa weit verbreitet ist. Unsere Art ist an der von der Flügelbasis bis zum Nodus ziehenden gelben Längsader (dem Radius) und einigen von ihr ausgehenden, ebenfalls gelb gefärbten Queradern mit Sicherheit zu erkennen. Auch ist das gelbe Flügelmal mit 4–5 mm deutlich länger als das von *O. brunneum,* das höchstens 3 mm erreicht.
Flugzeit: April bis Oktober.
Lebensraum: Stehende Gewässer aller Art, auch im Gebirge bis über 2000 m. Diese Art ist in Nordafrika sehr häufig; in Europa kann man ihr im äußersten Süden der Iberischen Halbinsel sowie auf Sardinien und Sizilien begegnen.
Verhalten: Darüber ist nur sehr wenig bekannt, es dürfte weitgehend jenem der anderen Blaupfeil-Arten gleichen. Die Tiere sollen sich im Allgemeinen nicht weit von ihren Wohngewässern entfernen.
Entwicklung: Man findet die Larven auf dem Grund stehender Gewässer; mehr ist hierüber nicht bekannt.

# Literatur

(Eine Auswahl)


BELLMANN, H.: Libellen beobachten, bestimmen. Naturbuch Verlag Augsburg 1993

BOS, F., WASSCHER, M.: Veldgids Libellen. Stichting KNNV, Utrecht 1997

CORBET, P. S.: Dragonflies: Behaviour and Ecology of Odonata. Harley Books Colchester, Essex 1999

D'AGUILAR, J., DOMMANGET, J.-L.: Guide des Libellules d'Europe et d'Afrique du Nord: l'identification et la biologie de toutes les espèces. Lausanne – Paris: Delachaux & Niestlé 1998

DREYER, W.: Die Libellen, Hildesheim: Gerstenberg 1986

DREYER, W., FRANKE, U.: Die Libellen. Bildbestimmungsschlüssel für alle Libellenarten Mitteleuropas und ihre Larven. Hildesheim: Gerstenberg 1987

GEIJSKES, D. C., VAN TOL, J.: De Libellen van Nederland (Odonata). Koninklijke Nederlandse Natuurhistorische Vereniging, Hoogwoud (N. H.) 1983

HEIDEMANN, H., SEIDENBUSCH, R.: Die Libellenlarven Deutschlands und Frankreichs, Handbuch für Exuviensammler. Erna Bauer, Keltern 1993

KUHN, K., BURBACH, K.: Libellen in Bayern. E. Ulmer, Stuttgart 1998

STERNBERG, K., BUCHWALD, R.: Die Libellen Baden-Württembergs Band 1 (1999) und Band 2 (2000). E. Ulmer, Stuttgart

Buchreihe: Die Libellen Europas. Die Neue Brehm-Bücherei, Westarp Wissenschaften Magdeburg.


## Zeitschriften


Libellula, Zeitschrift der Gesellschaft deutschsprachiger Odonatologen (GDO e. V.).
GDO – Ulrike Krüner, Gelderner Str. 39, D-41189 Mönchengladbach

Odonatologica. Journal of the Societas Internationalis Odonatologica S.I.O. Prof. Dr. B. Kiauta, P. O. Box 256, NL 3720 AG Bilthoven, Niederlande


# Register